Druck- und Geschwindigkeits-Verhältnisse des Dampfes in Freistrahl-Grenzturbinen

Von

Dr.-Ing. **Oskar Recke**
Rheydt

Mit 67 Abbildungen und 3 Tafeln

Sonderabdruck aus der „Zeitschrift für das gesamte Turbinenwesen“ 1906

München und Berlin
Druck und Verlag von R. Oldenbo
1907

Vorwort.

In der vorliegenden Arbeit, deren Veröffentlichung in der Zeitschrift für das gesamte Turbinenwesen 1906 erfolgte, habe ich versucht, mit möglichst einfachen rechnerischen Mitteln unter Verwendung graphischer Integrationen die Druck-Geschwindigkeits- und Reibungsvorgänge des Treibmittels in Dampfturbinen näher zu bestimmen, um aus diesen Rechnungen heraus zu einer tunlichst genauen Formgebung für die Schaufeln und Düsen zu gelangen.

Leider war es mir nicht möglich, die errechneten Resultate experimentell nachzuprüfen; es würde mich freuen, wenn diese Untersuchungen zu Laboratoriums- und Werkstättenversuchen Veranlassung geben würden.

Rheydt im Januar 1907.

O. Recke.

Inhaltsverzeichnis.

Allgemeine Betrachtung der Bewegungsgesetze.

Tritt ein Dampfstrahl in die nach dem Radius ϱ kreisförmig gekrümmte Schaufel einer Dampfturbine ein, so wird derselbe durch die Schaufelform aus seiner geraden Bahn abgelenkt. Da er gezwungen ist, in kreisförmiger Bahn weiter zu gehen, so wird er durch die Einwirkung der Zentrifugalkraft komprimiert, d. h. es wird, wenn seine Höhe konstant bleibt, seine Dicke in radialer Richtung durch die Zusammendrückung verringert werden. Denkt man den Dampfstrahl in der Richtung der Breite in dünne Einzelstrahlen von der Dicke dB zerlegt, so wird der äußerste Einzelstrahl, welcher sich sofort der krummen Schaufelwand anschmiegt, der Kompression gleich beim Eintritt in die Schaufel unterliegen, jeder weiter nach innen liegende Elementarstrahl dagegen wird zunächst im Innern der Schaufel so lange seinen geradlinigen Weg fortsetzen, bis er auf die komprimierte Masse der vor ihm liegenden Einzelstrahlen auftrifft (Fig. 1). Je weiter nun der Einzelstrahl nach innen liegt, desto größer wird der Winkel, unter dem er auftritt, um so heftiger wird der Stoß, um so größer der Stoßverlust werden. Durch diesen Stoß wird aber gleichzeitig die getroffene Dampfmenge aufgewirbelt und in Schwingungen versetzt werden, die sich im weiteren Verlauf der Bahn zwar durch den

Einfluß der Zentrifugalkraft, welche die Massenteilchen gegen die Schaufelwand drückt, wieder beruhigen werden, aber dennoch ungünstig wirken müssen.

Tritt nun aber der Dampf, der sich in komprimiertem Zustand befindet, beim Verlassen der Schaufel in den Spaltraum, welcher unter niedrigerem Druck steht, so wird er, ähnlich wie die aus dem Geschützrohr austretenden Pulvergase, plötzlich expandieren, d. h. die Einzelstrahlen werden nach allen Seiten streuen. Er wird, ganz verschieden gerichtet, in die nächste Schaufel eintreten, dort also weitere Arbeitsverluste verursachen.

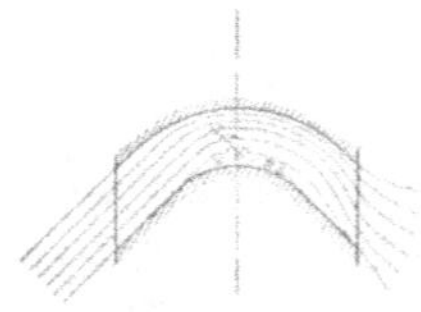

Fig. 1.

Wird zunächst angenommen, daß bei Freistrahlturbinen die Geschwindigkeit in der Schaufel beim Durchgang, relativ zu derselben, konstant bleibt (welche Ansicht fälschlicherweise in der Literatur fast allgemein herrscht), so würde in der Schaufel, wenn dieselbe wie gewöhnlich konstantes Querprofil hat, am Schaufelrücken ein Hohlraum entstehen (Fig. 1), der infolge der Ablösung des Strahles von der Rückwand der Schaufel mit wirbelndem expandiertem Dampf gefüllt werden müßte. Diese Wirbel sind aber zweifellos durch Störung der Kontinuität der Bewegung die Quelle erheblicher Arbeitsverluste.

Es sollen hier diejenigen Bedingungen untersucht werden, unter denen bei Freistrahlturbinen mit einem oder mehreren Rädern der Dampf in den Schaufeln geführt werden muß, und wie die Schaufeln profiliert werden müssen, um Stoßverluste beim Eintritt in die Schaufel, Wirbelung im Schaufelraum und Expansionsstreuung beim Austritt aus der Schaufel sowie Spaltverluste so vollständig als möglich zu vermeiden.

Unter Freistrahlturbinen sollen diejenigen Turbinen verstanden werden, bei denen in den Düsen vor dem Eintritt in die erste Schaufelung die gesamte verfügbare Arbeit des Dampfes zur Beschleunigung des Dampfes ausgenutzt, d. h. in kinetische Energie umgesetzt wird.

Als erwiesen ist anzusehen: je dünner das Medium ist, in welchem das Rad läuft, desto geringer wird die Reibungsarbeit zwischen Rad und Medium; daraus folgt unter sonst gleichen Umständen, daß das Minimum von Eigenreibung in der Freistrahlturbine vorhanden ist. Da bei derselben auch wegen des im ganzen Turbinenraum (abgesehen von den abgeschlossenen Schaufeln) gleichbleibenden Drucks keine Dichtung zwischen den einzelnen Radsystemen nötig ist, entfallen auch die Reibungs- und Undichtigkeitsverluste solcher Dichtungen.

Wie weiter unten nachgewiesen werden wird, entstehen in den Laufrad- und Leitschaufeln recht erhebliche Pressungen; es muß also konstruktiv darauf geachtet werden, daß diese Druckänderungen in geschlossenen Räumen vor sich gehen, so daß nicht etwa durch einen Spalt, welcher sich im Pressungsgebiet befindet, infolge des Überdrucks Spaltverluste und Wirbel in der umgebenden Dampfmasse erzeugt werden.

In den nachfolgenden Untersuchungen ist nun, obgleich mit Sicherheit angenommen werden muß, daß in den Düsen und Schaufeln Kompressions- und Expansionsvorgänge sich mangels einer Wärme-Zufuhr oder -Abfuhr nach der Adiabate abspielen, lediglich zum Zweck der Vereinfachung der Rechnung das Mariottesche Gesetz zugrunde gelegt worden, was um so angängiger erscheint, als (bei Turbinen mit Kondensation) die in den Schaufeln auftretenden

Maximaldrucke unter 0,5 Atm. abs. bleiben. Für Überhitzung wird allerdings diese Rechnung nicht genügen; auf die Methode der Untersuchung ist dies ohne Einfluß.

Es erscheint nun für die praktische Verwendbarkeit der Rechnungen wichtig, die notwendigen Integrationen graphisch in einer Form auszuführen, die den Konstrukteur auch ohne größere Übung in der Infinitesimal-Analysis auf vorwiegend zeichnerischem Wege schnell zu irrtumfreien Lösungen führt.

Zu diesem Ende mußten in den Rechnungen scheinbare Unbehilflichkeiten zugelassen werden, weil durch dieselben das graphische Verfahren erleichtert wurde.

Aus den einleitenden Bemerkungen über die Ablenkung des Strahls beim Auftreffen auf eine kreisförmig gekrümmte Schaufel ist zunächst der Schluß zu ziehen, daß die Ablenkung jedes Strahlelementes ganz allmählich erfolgen muß. Die Schaufelkrümmung ist dabei so zu wählen, daß sie mit einem Krümmungsradius $\varrho = \infty$ beginnend, langsam zu dem kleinsten zulässig erscheinenden ϱ übergehend, von der Schaufelmitte aus durch allmähliche Vergrößerung des Krümmungsradius bis zu $\varrho = \infty$ den Strahl vor dem Austritt wieder auf den Anfangsdruck zurückbringt und die Einzelstrahlen wieder parallel richtet.

Die Schaufel darf also n i c h t nach einem Kreisbogen gekrümmt sein. Die Sinuslinie ($y = \sin x$), die Kettenlinie $\frac{dy}{dx} = \frac{1}{2}\left(e^{\frac{x}{h}} - e^{-\frac{x}{h}}\right)$, die elastische Linie für einen in der Mitte belasteten, an beiden Enden aufliegenden prismatischen Stab $y = \frac{Pl^3}{2EJ}\left(\frac{x}{l} - \frac{x^3}{3l^3}\right)$ und andere mehr sind für diesen Zweck geeignete Kurven.

Da bei Freistrahlturbinen die radiale Entfernung R der Schaufelungen von der Welle relativ zur Schaufelhöhe mit Rücksicht auf die anzustrebenden geringen Drehzahlen verhältnismäßig sehr groß ist, so kann zur Vereinfachung der Rechnung der Krümmungsradius des zylindrischen Rohrs, in welchem die Schaufelung liegt, als ∞ betrachtet und die Schaufelung als in einer ebenen Platte liegend angenommen werden. (Fig. 2.) Wählt man nun nach Vorstehendem zunächst das Längenprofil der Schaufel nach einer der

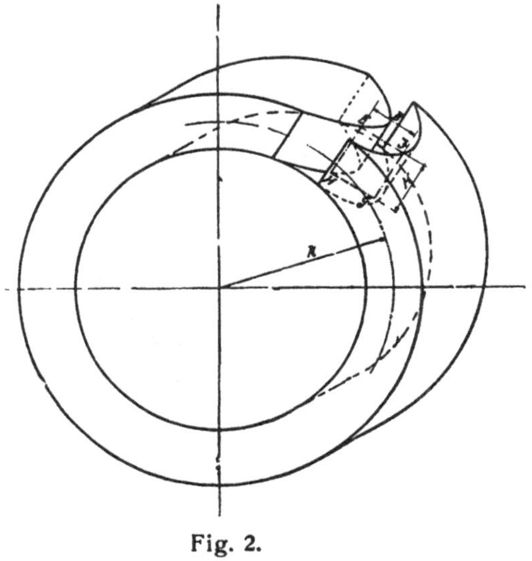

Fig. 2.

genannten Kurven, z. B. der Sinuslinie, und nimmt als Querprofil der Schaufel an der Eintrittsstelle ein Rechteck (Höhe $= H$, Breite $= B$) als Näherungsform des Schraubenflächenausschnittes $EJGH$ der Fig. 2, zerlegt dann ferner den Dampfstrahl in Einzellamellen von der Dicke $d\varrho$ und der Höhe H (Fig. 3) und stellt die Bedingung, daß sowohl die Gesamtdicke B als die Dicke $d\varrho$ der Einzellamellen für den ganzen Verlauf des Längsprofils der Schaufel

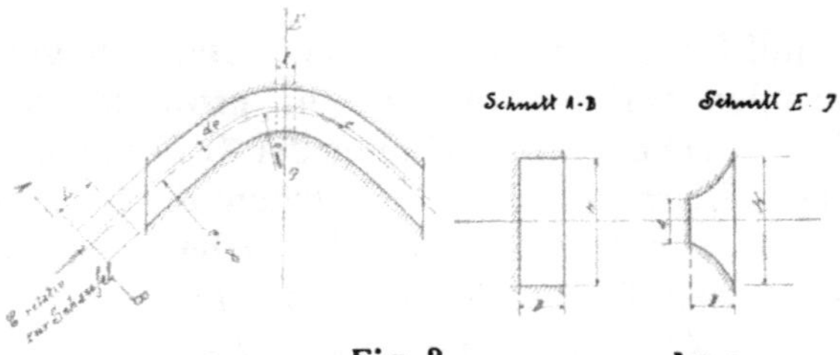

Fig. 3.

konstant bleiben, dann wird die innere und äußere Begrenzungsfläche äquidistant, was schon aus Gründen der praktischen Ausführung erwünscht ist.

Abhängigkeit der Variabeln c und p.

Der Elementarstrahl habe nun vor seinem Eintritt in die Schaufel die Geschwindigkeit C (relativ zur Schaufel), die Höhe H, die Dicke B und das spezifische Gewicht γ_0; dieses entspricht, da der gesamte Raum der Turbine unter Austrittsspannung (Kondensationsdruck) steht, der Kondensationsspannung P. Betrachtet man einen Teil der Elementarlamelle von der Höhe H, der Dicke $d\varrho$ und der kleinen Länge L, so folgt, daß $nL = C$ ist, wenn n die pro Sekunde ein Querschnittsprofil passierende Anzahl Teile ist. Ändert sich nun infolge von Kompressionsvorgängen die Geschwindigkeit C in c und die Länge L in l, so folgt, daß $nl = c$, somit auch

$$l = \frac{Lc}{C} \text{ sein muß } \quad . \quad . \quad . \quad . \quad (1)$$

Wie schon in der Einleitung erwähnt wurde, muß durch den Einfluß der Zentrifugalkraft eine Druckerhöhung der Dampfteilchen von P auf p stattfinden. Die zu dieser Kompression erforderliche Arbeit kann aber, da lediglich die lebendige Kraft des Dampfstrahles zur Verfügung steht (die ganze verfügbare

Arbeitsmenge des Dampfes ist ja in Strömungsenergie umgesetzt), nur durch Verlust eines Teils dieser lebendigen Kraft geleistet werden.

Die Kompressionsarbeit nach der Isotherme ist aber

$$A = dV \cdot P \cdot \ln\left(\frac{p}{P}\right),$$

der Verlust an lebendiger Kraft beim Geschwindigkeitswechsel von C auf c

$$A = \frac{dm}{2}(C^2 - c^2),$$

daher wird

$$dV \cdot P \cdot \ln\frac{p}{P} = \frac{dm}{2}(C^2 - c^2),$$

worin dm das Massendifferential, dV das Volumendifferential des Elementarstrahlteiles beim Eintrittszustand ist. Nun ist aber

$$\frac{dV\gamma_0}{g} = dm, \text{ also wird } P\ln\left(\frac{p}{P}\right) = \frac{\gamma_0}{2g}(C^2 - c^2), \text{ oder}$$

$$\ln\left(\frac{p}{P}\right) = \frac{\gamma_0}{2gP}(C^2 - c^2) \text{ und } c^2 = C^2 - \frac{2gP}{\gamma_0} \cdot \ln\left(\frac{p}{P}\right) \quad (2)$$

Nach dem Mariotteschen Gesetz ist aber $P \cdot dV = p \cdot dv$ (dv ist das Volumendifferential nach der Kompression).

Nach den obigen Bezeichnungen ist $dV = LHd\varrho$ und $dv = lhd\varrho$. Hierin ist h diejenige Höhe, auf welche die Elementarlamellenhöhe von H aus zusammenschrumpfen muß, da $d\varrho$ konstant bleiben soll, und C in c und L in l gesetzmäßig geändert ist.

Hieraus folgt $LHd\varrho \cdot P = lhd\varrho p$; und da nach (1)

$$l = L \cdot \frac{c}{C}; \; LHd\varrho \cdot P = \frac{Lc}{C} hd\varrho p, \text{ d. h. } HPC = hpc; \quad (3)$$

nehme ich nun ein beliebiges p, so folgt rechnerisch aus (2) das zugehörige C und aus (3) h.

Man tut am besten, da diese Beziehungen zwischen hcp dauernd gebraucht werden, auf p als Abszissenachse die zugehörigen Werte von h und c als Ordinaten aufzutragen und die Endpunkte der aufgetragenen Ordinaten durch Kurvenzüge zu verbinden.

Einflufs der Zentrifugalkraft.

Es erübrigt nun noch, die Größe p aus der Zentrifugalkraft zu bestimmen. Die Kompression der Einzellamellen erfolgt durch die Zentrifugaleinwirkung der in der Richtung der Zentrifugalkraft hinter ihr liegenden Lamellenmasse; es ist also klar, daß die innerste am Schaufelrücken anliegende Lamelle keine Druckerhöhung erfahren kann, daß also der Druck P in ihr erhalten bleiben muß, wenn die Bedingung gestellt wird, daß die Turbine Grenzturbine sein soll, und dies erscheint notwendig, um sowohl ein Abheben des Strahles von der Wand (also Wirbelungen) als auch unnütze Kompressionsarbeiten, d. h. Rückstau, zu vermeiden.

Demnach bleibt für die innerste Lamelle H, C und P konstant, in jeder folgenden Lamelle dagegen steigt der Druck um dp. Ist nun der Krümmungsradius des betreffenden Lamellenteils $= \varrho$, so folgt, daß, wenn Q die Zentrifugalkraft, dQ ihr Differential bedeutet $dQ = dm\,\frac{c^2}{\varrho}$. Dieses dQ wirkt aber auf eine Fläche lh mit dem spezifischen Druck dp, also ist $dQ = dp\,lh$. Es ist aber $dm = \frac{hl\,d\varrho\,\gamma_\varrho}{g}$, worin γ_ϱ das spez. Gewicht des Dampfes beim Druck p bedeutet.

Das Gewicht des nicht komprimierten und des komprimierten Massenteilchens ist gleich, also

$$dv\gamma_\varrho = dV\gamma_0 \text{ und da } P \cdot dV = p\,dv \text{ ist:}$$

$$dv\gamma_\varrho = dv\,\frac{p}{P}\,\gamma_0, \text{ d. h.}$$

$$\gamma_\varrho = \gamma_0\,\frac{p}{P} \quad \ldots\ldots\ldots\ldots \quad (4)$$

Unter Einsetzung dieser Werte findet sich

$$dplh = \frac{lhd\varrho\gamma_0}{g} \frac{pc^2}{P\varrho} \text{ oder } \frac{dp}{c^2p} = \frac{\gamma_0 d\varrho}{gP\varrho}$$

unter Benutzung von (2)

$$\frac{\gamma_0}{P\,g} \cdot \frac{d\varrho}{\varrho} = \frac{dp}{p\left[C^2 - \frac{2g}{\gamma_0} P \ln\left(\frac{p}{P}\right)\right]}$$

und durch Integration

$$\frac{Pg}{\gamma_0}\int_P^p \frac{dp}{c^2p} = \frac{Pg}{\gamma_0}\int_P^p \frac{dp}{p\left[C^2 - \frac{2g}{\gamma_0} P \ln\left(\frac{p}{P}\right)\right]} =$$

$$\int_{\varrho_1}^{\varrho_2} \frac{d\varrho}{\varrho} = \ln\left(\frac{\varrho^2}{\varrho_1}\right) \quad . \quad . \quad . \quad . \quad . \quad . \quad (5)$$

Die beiden Seiten dieser Gleichung können durch Integralkurven dargestellt und durch Wahl gleicher Maßstäbe miteinander verglichen werden.

Flächen- und Linienintegral für $\frac{Pg}{\gamma_0}\int \frac{dp}{c^2p}$.

Aus den Formeln 1, 2, 3, 4 folgt die Abhängigkeit von c, h, p, C, γ_0 und P von einander; der Ausdruck

$$\frac{P \cdot g}{\gamma^0 p\left[C^2 - \frac{2gP}{\gamma_0} \ln\left(\frac{p}{P}\right)\right]}$$

ist also für jedes angenommene p bestimmbar. Nimmt man daher beispielsweise $p = 1000$ (0,1 Atm. abs.) als Kondensationsspannung, $C = 1000$ m/sek und $\gamma_0 = 0{,}067$, $g = 9{,}81$, so folgt aus (2)

$$\ln\left(\frac{p}{1000}\right) = 2{,}303\left[\lg(p) - 3\right] = \frac{0{,}067}{19{,}62 \cdot 1000}(C^2 - c^2),$$

oder $\qquad c^2 = C^2 - 674401\,(\lg p - 3).$

Die Rechnungsresultate für eine Anzahl von Werten von p gibt die Zahlentafel 1.

Trägt man nun (Fig. 4 und Tafel I) in ein rechtwinkliges Koordinatensystem, dessen Abszissenachse

Zahlen-

p	$\frac{p}{P}$	$\log \frac{p}{P}$	$674401 \lg \frac{p}{P}$	c^2	c
1000	1	0,000 00	0	1 000 000	1000
1200	1,2	0,079 18	53 400	946 600	972,9
1400	1,4	0,146 13	98 550	901 450	949,4
1600	1,6	0,204 12	137 660	862 340	928,6
1800	1,8	0,255 27	172 160	827 840	909,8
2000	2	0,301 03	203 020	796 980	892,7
2200	2,2	0,342 42	230 970	769 030	877,9
2400	2,4	0,380 21	257 410	742 590	861,7
2600	2,6	0,414 27	279 860	720 140	848,6
2800	2,8	0,447 16	301 550	698 450	835,7
3000	3	0,477 12	321 760	678 240	823,5
3200	3,2	0,505 16	340 670	659 330	812,0
3400	3,4	0,531 48	358 420	641 580	801,0
3600	3,6	0,556 30	375 170	624 830	790,5
3800	3,8	0,579 78	391 000	609 000	780,4
4000	4	0,602 06	406 030	593 970	770,7

die p von $p = 0,1$ Atm. anfangend sind, die Werte für

$$\frac{Pg}{\gamma_0 p \left[C^2 - \frac{2g}{\gamma_0} P \ln\left(\frac{p}{P}\right)\right]}$$

als Ordinaten ein und verbindet ihre Endpunkte durch einen Kurvenzug, so ist ein Elementarstreifen von der Breite dp das Abbild des Differentials

$$\frac{Pg}{\gamma_0} \frac{dp}{C^2 p},$$

die Fläche $OABC$ das Abbild des Integrals

$$\frac{Pg}{\gamma_0} \int \frac{dp}{p \left[C^2 - \frac{2g}{\gamma_0} P \ln\left(\frac{p}{P}\right)\right]}$$

und zwar zwischen den Grenzen $p = 0,1$ und $p = OC$. Ermittelt man den Inhalt dieser Fläche tafel 1.

$p\left(C^2 - \frac{2gP}{\gamma_0}\ln\frac{p}{P}\right)$	$\frac{g \cdot P}{\gamma_0 \cdot p\left[C^2 - \frac{2gP}{\gamma_0}\ln\left(\frac{p}{P}\right)\right]}$	pc	$\frac{h}{H}$
1 000 000 000	0,000 146 537	1 000 000	1,0
1 135 920 000	0,000 129 006	1 167 480	0,856
1 262 030 000	0,000 116 11	1 329 160	0,752
1 372 744 000	0,000 106 21	1 485 760	0,67
1 490 112 000	0,000 098 34	1 637 640	0,61
1 593 960 000	0,000 091 93	1 785 400	0,56
1 691 866 000	0,000 086 62	1 931 380	0,51
1 782 116 000	0,000 082 23	2 068 080	0,48
1 872 364 000	0,000 078 26	2 206 360	0,45
1 955 660 000	0,000 074 93	2 340 960	0,43
2 034 720 000	0,000 072 02	2 470 500	0,404
2 109 856 000	0,000 069 46	2 598 400	0,385
2 181 372 000	0,000 067 28	2 723 400	0,367
2 249 388 000	0,000 065 15	2 845 800	0,351
2 314 200 000	0,000 063 32	2 965 520	0,337
2 375 880 000	0,000 061 68	3 082 800	0,324

OABC durch Planimetrieren, trägt die Planimeterzahl als Ordinate *EC* bei *C* in dasselbe Koordinatensystem ein und wiederholt dies Verfahren, so erhält man eine neue Linienintegralkurve *OEF*, deren Ordinaten

$$= \frac{P \cdot g}{\gamma_0} \int_P^p \frac{dp}{c^2 p} \text{ sind.}$$

Sowohl *ABD* als *OEF* verlaufen asymptotisch an die dem Druck 3,05 Atm. entsprechende Ordinate. Bei Erreichung dieses Druckes würde die gesamte lebendige Kraft des Strahls relativ zur Schaufel durch Kompression aufgezehrt sein. Der Dampf in der Schaufel käme zum Stillstand.

Bezeichnet *m* die Maßstabzahl, mit welcher die Länge der in mm gemessenen Ordinaten *CE* des

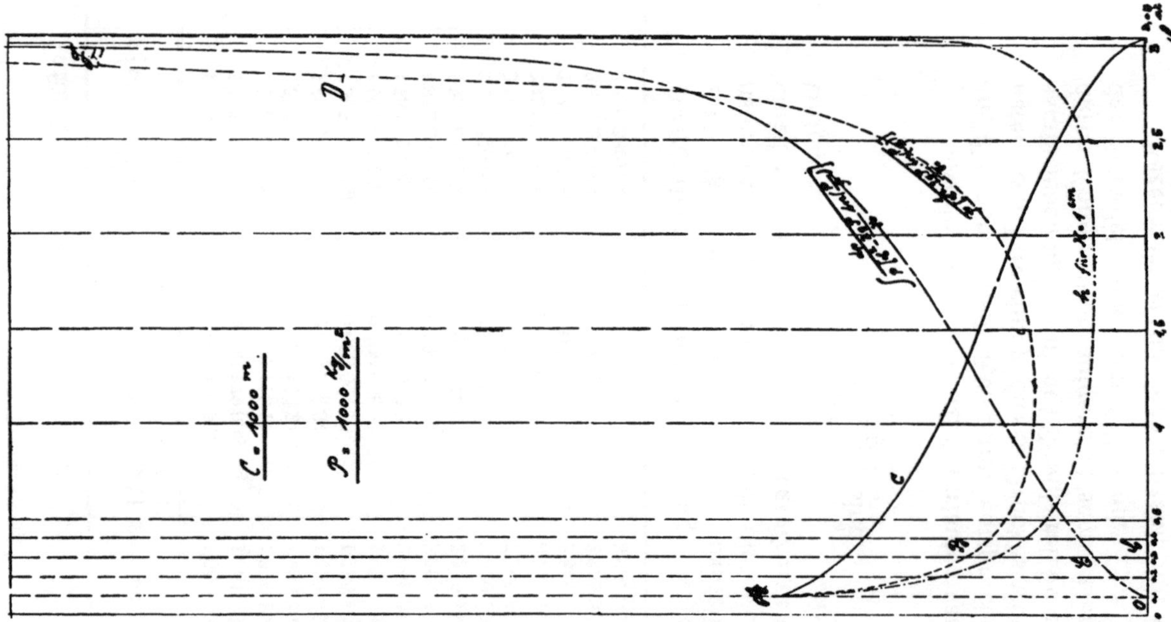

Fig. 4.

Maßstab:

für p: 1/2 cm = 0,2 kg/qcm = 2000 kg/qm

für C: 1/2 cm = 100 m

für h: 1/2 cm = 0,1 cm

für $\dfrac{1}{p\left[C^2 - \dfrac{2gP}{\gamma^0}\ln\left(\dfrac{p}{P}\right)\right]}$: 1/2 cm = 0,0000000001

für $\displaystyle\int \frac{dp}{p\left[C^2 - \dfrac{2gP}{\gamma_0}\ln\left(\dfrac{p}{P}\right)\right]}$: 1/2 cm = 0,000001.

Linienintegrals multipliziert werden muß, um den dargestellten Wert zu ergeben, so ist

$$\frac{\overline{CE}}{m} = P \frac{g}{\gamma_0} \int\limits_{P=0}^{p=\infty} \frac{dp}{p\left[C^2 - \frac{2g}{\gamma_0} \ln\left(\frac{p}{P}\right)\right]}$$

(Für Tafel I ist $m = 1000$.)

Integralkurve für $\int \frac{d\varrho}{\varrho}$.

Die rechte Seite der Gleichung (5) $\int \frac{d\varrho}{\varrho}$ wird, wie bekannt, durch eine Hyperbel dargestellt.

Legt man durch die Schaufel an einer beliebigen Stelle (Fig. 5) einen Profilschnitt, in welchem der

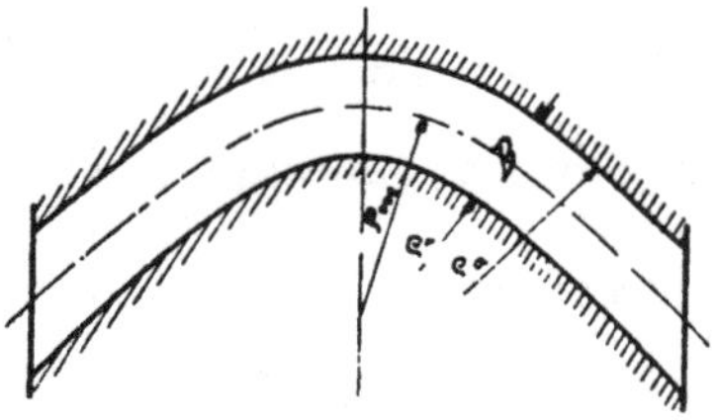

Fig. 5.

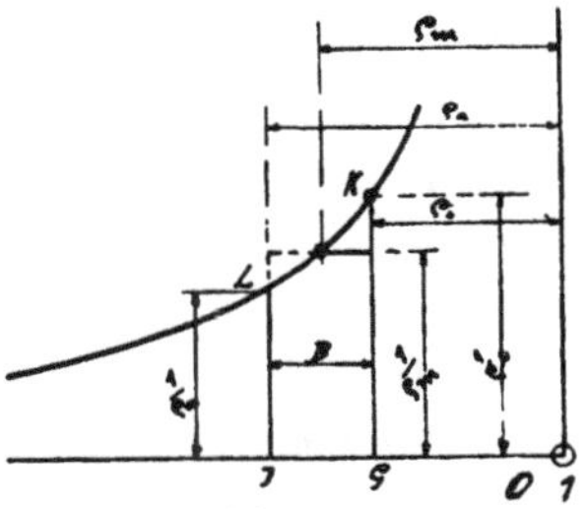

Fig. 6.

kleinste Krümmungsradius $= \varrho_i$, der größte $= \varrho_a = \varrho_i + B$ ist und nimmt nach Früherem B als Konstant an, so ist bekanntlich

$$\int\limits_{\varrho_i}^{\varrho_a} \frac{d\varrho}{\varrho} = \frac{\varrho_a}{\varrho_i} \quad . \; . \; . \; . \; . \quad \text{(Fig. 6)}$$

Um diesen Ausdruck graphisch darzustellen, trägt man in Fig. 6 in einem Koordinatensystem $O_1 J = \varrho_a$, $O_1 G = \varrho_i$ als Abszissen, die Werte $LJ = \frac{1}{\varrho_a}$ und $GK = \frac{1}{\varrho_i}$ als zugehörige Ordinaten auf. Dann ist die Fläche

$GJKL$ gleich einem Rechteck von der Breite B und der Höhe $\frac{1}{\varrho_m}$.

Es ist also $\frac{B}{\varrho_m} = \ln \frac{\varrho_a}{\varrho_i} = \int\limits_{\varrho_i}^{\varrho_a} \frac{d\varrho}{\varrho}$.

Lösung der Gleichung 5.

Um die Gleichung 5 zu lösen, sind die beiden Integralkurven mit gemeinschaftlicher Abszissenachse in gleichem Maßstabe zu verzeichnen. In Tafel I ist O der Koordinatenanfang für die erste Integralkurve und O_1 der für die Hyperbel. Um diese letztere festzulegen, denke man sich zum Beispiel eine Parallele zur Abszissenachse im Abstande $EC = 100$ mm gezogen, so muß die zugehörige Ordinate $\frac{B}{\varrho_m}$ der Hyperbel $= 100$ mm, oder in Berücksichtigung des Maßstabes m gleich $\frac{100}{m}$ $= \frac{100}{1000}$ sein. Wird nun B zu 4 mm angenommen, so ist $\frac{4}{\varrho_m} = \frac{100}{1000}$, also $\varrho_m = 40$ mm. Hiermit ist ein Punkt der Hyperbel und damit die ganze Hyperbel für den hier angenommenen Wert von B festgelegt.

Ermittlung der Schaufelprofile.

Bestimmung des Druckes in den äußeren Krümmungen.

Der größte Krümmungsradius ϱa werde zu 18 mm angenommen. Dann ist $\varrho_i = \varrho_a - B = 18 - 4 = 14$ mm

mit $\ln \frac{\varrho_a}{\varrho_i} = \frac{B}{\varrho_m}$ wird $\varrho_m = \frac{4}{\ln\left(\frac{\varrho_a}{\varrho_i}\right)} =$

$$\frac{4}{2{,}303 \log\left(\frac{18}{14}\right)} = 15{,}92 \text{ mm.}$$

Trägt man dieses $\varrho_m = O_1 Q$ ab, errichtet in Q das Lot $\overline{QR}$ und zieht durch R die Parallele zur Abszissenachse, so ist $W_1 F$ der zu ϱ_a gehörige Wert der ersten Integralkurve und OW_1 der bei $\varrho_a = 18$ mm in dem untersuchten Schaufelprofil herrschende Druck.

Der Druck bei ϱ_i ist nach früherem $= P$ (hier $= 0{,}1$ Atm. $= 1000$ kg/qm).

Bestimmung der Drucke in den Zwischenpunkten des Profils.

Um die Drucke in den Zwischenpunkten des Schaufelquerprofils z. B. bei $\varrho = 18, 17, 16, 15$ mm zu finden, denkt man sich den Hyperbelausschnitt in die entsprechenden Einzelflächen zerlegt, deren Grenze (siehe Fig. 8) ϱ_a und ϱ_i, ϱ_3 und ϱ_i, ϱ_2 und ϱ_i, ϱ_1 und ϱ_i sind, dann sind die zugehörigen Ordinaten

$$t_x = m \ln\left(\frac{\varrho_x}{\varrho_i}\right)$$

Nach dem Früheren ist $QR = O_1 W = t_a$ $= m \ln\left(\frac{\varrho_a}{\varrho_i}\right)$, also allgemein $t_x = \ln\left(\frac{\varrho_x}{\varrho_i}\right)$

daraus ergibt sich $t_a = 1000 \ln\left(\frac{18}{14}\right) = 252{,}3$ mm,

$$\text{ebenso wird } t_3 = 1000 \ln\left(\frac{17}{14}\right)$$

$$t_2 = 1000 \ln\left(\frac{16}{14}\right)$$

$$t_1 = 1000 \ln\left(\frac{15}{14}\right)$$

Trägt man nun $O_1 T = t_1$, $O_1 U = t_2$, $O_1 V = t_3$ ab, zieht von T, U und V Horizontale bis zum Schnitt mit dem ersten Linienintegral und fällt von diesen Schnittpunkten Lote auf die Abszissenachse, so erhält man in den Strecken OT_1, OU_1, OV_1, OW_1 die Größe der zugehörigen Drucke p_1, p_2 und p_3. Mit den Drucken sind zugleich die Werte c und $\frac{h}{H}$ bestimmt. Die aus den Gleichungen (2) und (3) berechneten Kurven sind in Tafel I eingetragen. Nimmt man nun nach rechts einen beliebigen Pol X auf der Abszissenachse an und zieht die Strahlen XT, XU, XV, XW, so läßt sich bei konstanter Schaufeltiefe B für jedes

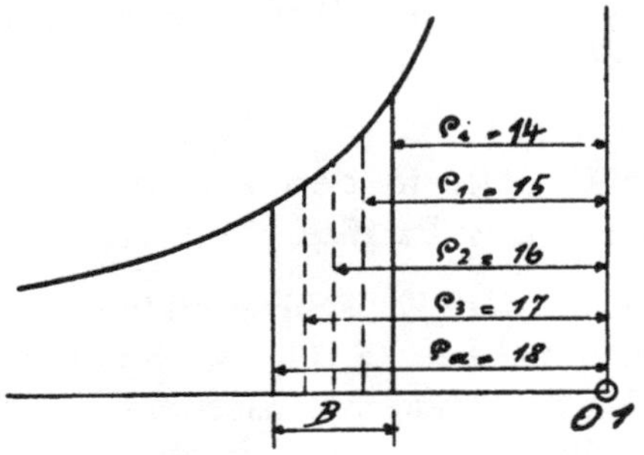

Fig. 7.

andere C, d. h. für jedes neue $P\frac{g}{\gamma_0}\int\frac{dp}{c^2p}$, ebenso für jeden anderen Schaufelschnitt mit anderem ϱ_m die Profilhöhe in den Zwischen- und Endpunkten ebenfalls nahezu genau bestimmen.

Hat man aus weiter unten erörterten Gesichtspunkten die Relativ-Eintrittsgeschwindigkeiten für die übrigen Leit- und Laufschaufeln bestimmt, so können die bezüglichen Integrale $P\frac{g}{\gamma_0}\int\frac{dp}{c^2p}$ in der gleichen Figur eingetragen werden (in Tafel I diejenigen für die vier Laufräder mit $C = 1000$, 755, 628, 318), die von T, U, V, W gezogenen Horizontalen ergeben, ebenso wie in dem für $C = 1000$ bestimmten Integrale, die Drucke p.

Sollen nun die h für einen anderen Profilschnitt gesucht werden, für den ϱ_{m1} bekannt ist, so wird das neue ϱ_{m1} von O_1 aus $= O_1Z_1$ abgetragen, in Z_1 ein Lot bis zum Schnitt Y mit der Hyperbel errichtet, alsdann die Horizontale $Z_1 w$ gezogen und von w ein Lot auf die Abszissenachse gefällt. Die Schnittpunkte $w v u t$ dieses Lots mit den Strahlen XT, XU, XV, XW bzw. die durch diese Punkte gezogenen Horizontalen ergeben dann annähernd wie vorher die Drucke p, die Höhen h und die c für den betrachteten Querschnitt mit dem Radius $\varrho_m = YZ_1$.

Analytische Bestimmung von c, h und ϱ.[1])

Aus Gleichung (5) folgt $\frac{\gamma_0}{gP} c^2 \frac{d\varrho}{\varrho} = \frac{dp}{p}$,

differenziert man Gleichung (2) $c^2 = C^2 - \frac{2g}{\varrho_0} P \ln\left(\frac{p}{P}\right)$,

so erhält man $2\,c\,dc = \frac{2g}{\varrho_0} P \frac{dp}{p}$ oder $-\frac{\gamma_0}{gP}\,c\,dc = \frac{dp}{p}$.

Durch Gleichsetzung beider Werte für $\frac{dp}{p}$ folgt $-\frac{c\,dc}{c^2} = \frac{d\varrho}{\varrho}$, links Zähler und Nenner mit α multipliziert, ergibt

$$\frac{-\alpha \frac{dc}{c^2}}{\frac{\alpha}{c}} = \frac{d\varrho}{\varrho},$$

nun ist aber bekanntlich $-\alpha \frac{dc}{c^2} = d\left(\frac{\alpha}{c}\right)$, demnach

$$\frac{d\left(\frac{\alpha}{c}\right)}{\frac{\alpha}{c}} = \frac{d\varrho}{\varrho} \text{ d. h. } \frac{\alpha}{c} = \varrho,$$

worin α eine Konstante ist.

Für ϱ_i ist aber wie oben bewiesen $c = C$, daher wird $\varrho_i = \frac{\alpha}{C}$ und $\alpha = \varrho_i C$, also $c = C \frac{\varrho_i}{\varrho}$ und $c^2 = C^2 \left(\frac{\varrho_i}{\varrho}\right)^2$.

[1]) Die Anregung zu dieser analytischen Behandlung verdanke ich Herrn Geheimen Hofrat Prof. Dr. Henneberg und einer gleichzeitigen Notiz des Herrn Dr. Ing. Rülf.

Setzt man diese Werte in Gleichung (3) $HPC = hpc$ und Gleichung (5) ein, so entsteht $h = H \frac{P\varrho}{p\varrho_i}$ und

$$\frac{\varrho_i}{\varrho} = \sqrt{1 - \frac{2g}{\gamma_0} \frac{P}{C^2} \ln\left(\frac{p}{P}\right)} \text{ oder}$$

$$\varrho = \frac{\varrho_i}{\sqrt{1 - \frac{2g}{\gamma_0} \frac{P}{C^2} \ln\left(\frac{p}{P}\right)}}$$

und ferner $h = \frac{HP}{p \cdot \sqrt{1 - \frac{2g}{\gamma_0} \frac{P}{C^2} \ln\left(\frac{p}{P}\right)}}$.

Verzeichnung des Schaufelprofils.

Trägt man die nach diesem Verfahren erhaltenen Profilhöhen für die End- und Zwischenpunkte in dem Profil zusammen, so ensteht die Profilierung der Schaufel. In Fig. 8 ist sie für die Mitte einer Schaufel im ersten Rade gezeichnet. Die im Verlauf des Längenprofils folgenden Querprofile, deren Bestimmung weiter unten erfolgt, sind gleichfalls eingetragen. Das hier gezeichnete theoretisch richtige Profil läßt sich nun durch Prägen oder Pressen in warmem Zustand leicht, durch Fräsen nur mittels einer komplizierten Fräsvorrichtung mit dreifacher Bewegung herstellen. Es ist also wünschenswert, Annäherungsformen des Schaufelprofils zu finden und rechnerisch genau zu bestimmen. Hält man zunächst an der konstanten Schaufeltiefe *B* fest, so sind die in Fig. 9 skizzierten Annäherungsformen praktisch möglich.

Form *a* mit parallelen rechtwinklig zum Schaufelboden stehenden Flanken ist zwar die einfachste, verändert aber die Dicke der Elementarlamellen (und damit die Innenbewegungen) so bedeutend, daß durch

Experiment festgestellt werden müßte, ob gegenüber dem theoretisch richtigen Profil wesentliche Kraftverluste entstehen.

Form *b* ist besser, Form *c* nähert sich so genau an, daß sie unbedenklich Verwendung finden kann. Es steht natürlich nichts im Wege, die theoretisch richtige Form durch einen vielfachen Polygonzug noch mehr anzunähern, jedoch erscheint der damit verbundene Vorteil durch die Komplikation der Herstellung zu teuer erkauft. Die Art der Fabrikation muß für die Auswahl der Näherungsformen entscheidend sein.

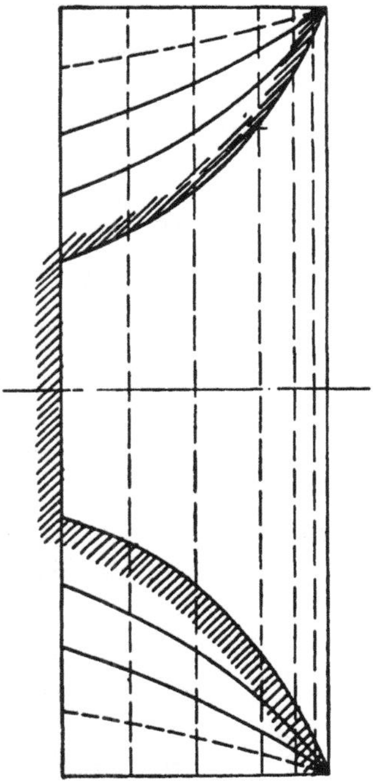

Fig. 8.

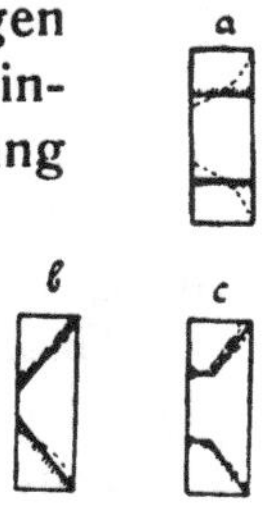

Fig. 9.

Ehe nun auf die Untersuchung dieser Annäherungen eingegangen wird, mag eine reinpraktische Betrachtung hier Platz finden, welche für die Auswahl des Profils von Bedeutung ist. — Wie aus dem Vorstehenden hervorgeht, ist das Schaufelprofil am Ein- und Austritt rechteckig, es kontrahiert sich dann gesetzmäßig bis zur Mitte, um sich bis zum Ende des Längenprofils wieder zum Rechteck zu erweitern. Die Grundfläche des Schaufelbodens hat demnach in der Abwicklung etwa die in Fig. 11 skizzierte Gestalt. Soll die Schaufel nun mit Stirnfräsern oder durch Hobeln hergestellt werden, so darf — wie aus den einskizzierten Bahnlinien des Fräsers hervorgeht — die Mittelhöhe h nicht kleiner als $\frac{H}{3}$ sein, wenn das Profil mit drei Fräserschnitten hergestellt werden soll. Es darf ferner der Divergenzwinkel der Schaufelflanken nicht zu groß

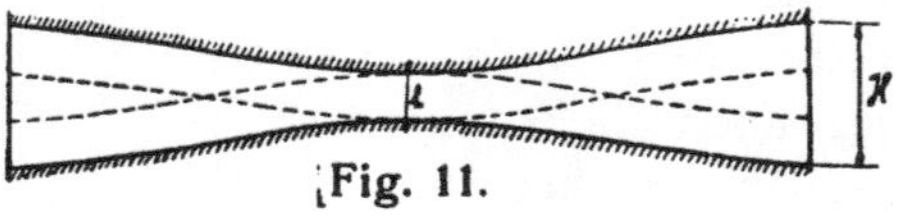

Fig. 11.

werden, weil ein Abheben des Strahls von der Wand zu befürchten ist. Hält man nun $h \cong \frac{H}{3}$ fest, so ist damit die Strahldicke B nach obigem festgelegt.

Es bestimmen sich nun die Näherungsformen aus folgenden allgemeinen Gesichtspunkten. Da die Drucke in den Einzellamellen lediglich durch die Zentrifugalkraft bedingt sind, so werden die Druckverhältnisse in dem Schaufelprofil bei gegebenem C und ϱ_m durch Änderung der Profilform nicht berührt, d. h. jedes ϱ behält sein zugehöriges p, welches es im theoretisch richtigen Querprofil hatte, wenn erstens das den Gasamtquerschnitt passierende Dampfgewicht pro Zeiteinheit gleichbleibt und zweitens die zugehörigen Radien nicht geändert werden. Dies ist nun zwar bei Form a in ziemlich erheblichem Maße der Fall, da die im Eintrittsquerschnitt gleich dicken Elementarlamellen, wie auch ohne genaue Rechnung leicht ersichtlich, im kontrahierten Querschnitt erheblich verschiedene Dicke erhalten, Fig. 10. Die Einzellamellen bleiben nicht mehr äquidistant zur Mittelkurve. Beispielsweise liegt die am Eintrittsquerschnitt in der Mitte liegende Einzellamelle

Fig. 10.

im Querschnitt Fig. 10 der äußeren Profilbegrenzung viel näher als der Innenfläche.

Bei Form *b* ist die Verschiebung geringer, bei *c* so gering, daß sie vernachlässigt werden kann. Durch diese Querverschiebungen werden aber die Krümmungsradien variiert und damit die Innendrucke.

Näherungsform *c*.

Da die rechnerische Behandlung der übrigen Formen aus der Näherungsform *c* durch Vereinfachung hervorgeht, soll diese zuerst betrachtet werden (Fig. 12). Bezeichnet dg das Gewicht des Teils der Einzellamelle von der Länge 1 im kontrahierten Querschnitt, also in komprimiertem Zustand, dG das Gewicht des gleichwertigen Lamellenteils von der Länge L in nicht komprimiertem Zustand im Ein- bzw. Austrittsquerschnitt, so muß $dG = dg$ sein. Das Näherungsprofil setzt sich nun aus einem Rechteck von der Höhe x_1 und der Breite b_1 und einem Trapez mit den Endhöhen $x_2 = x_1$ und $x_2 + y$ und der Breite $B - b_1$ zusammen. In dem Längenprofil entsteht an der Grenze beider Profilteile eine Kante, welche äquidistant zur Mittellinie des Längenprofils verläuft. Es muß also diejenige Dampfmenge, welche im kontrahierten Teil den Querschnitt $x_1 \cdot b_1$ passiert, gleich sein derjenigen, welche am Eintritt den Querschnitt Hb_1 ausfüllt (Fig. 12). Die gleiche Bedingung gilt für den trapezförmigen Teil, denn sonst würden Dampfpartikelchen, über die Grenzkante hinweggehend, plötzliche Richtungswechsel erleiden und Wirbelungen hervorrufen.

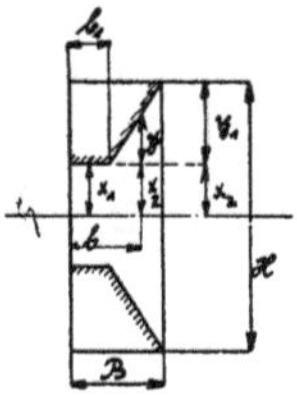
Fig. 12.

Es muß also, da $\frac{Lc}{C} = 1$ und $\gamma_\varrho = \gamma_0 \frac{p}{P}$ ist, für das Rechteck $2\,x_1 \int\limits_0^{b_1} d\,b\,\frac{L\,c}{C}\,\gamma_0\,\frac{p}{P} = \int\limits_0^{b_1} H L\,\gamma_0\,d\,b$ und

$$2\,x_1 \int\limits_0^{b_1} c\,p\,d\,b = b_1\,HCP \text{ sein.}$$

Nach (3) ist aber $h\,p\,c = HPC$, also $c\,p = \frac{HPC}{h}$, demnach

$$2\,x_2 \int\limits_0^{b^1} d\,b\,\frac{H}{h}\,PC = H b_1\,CP$$

oder

$$x_1 \int\limits_0^{b_1} \frac{H}{h}\,d\,b = \frac{H}{2}\,b_1 \quad . \; . \; . \; . \; . \; . \; . \quad \text{(A)}$$

Für den trapezförmigen Querschnitt ergibt die Bedingung der Gleichheit der Dampfgewichte $d\,g = d\,G$ die Gleichung

$$2\,x_2 \int\limits_{b_1}^{B} \frac{H}{h} \cdot d\,b + \int\limits_{b_1}^{B} 2\,y\,\frac{H}{h}\,d\,b = H\,(B - b_1)$$

in dem Trapez verhält sich $\frac{y}{b - b_1} = \frac{\frac{H}{2} - x_2}{B - b_1}$.

Es ist also $y = \left(\frac{H}{2} - x_2\right) \cdot \frac{b - b_1}{B - b_1}$.

Die Gleichung wird somit:

$$2\,x_2 \int\limits_{b_1}^{B} \frac{H}{h}\,d\,b + 2 \cdot \frac{\frac{H}{2} - x_2}{B - b_1} \int\limits_{b_1}^{B} \frac{H}{h}\,(b - b_1)\,d\,b = H\,(B - b_1)$$

oder

$$x_2 \int\limits_{b_1}^{B} \frac{H}{h}\,d\,b + \frac{\frac{H}{2} - x_2}{B + b_1} \int\limits_{b_1}^{B} \frac{H}{h}\,(b - b_1)\,d\,b = \frac{H}{2}\,(B - b_1) \quad \text{(B)}$$

Für das ganze Querprofil ist also

$$x_1 \int_0^{b_1} \frac{H}{h}\, db + x_2 \int_{b_1}^{B} \frac{H}{h}\, db + \frac{\frac{H}{2} - x_2}{B - b_1} \int_{b_1}^{B} \frac{H}{h}(b - b_1)\, db = \frac{Hb}{2} \quad \text{(C)}$$

Hierin muß $x_1 = x_2$ werden. Dann ist x und b_1 sowie y_1 bestimmt.

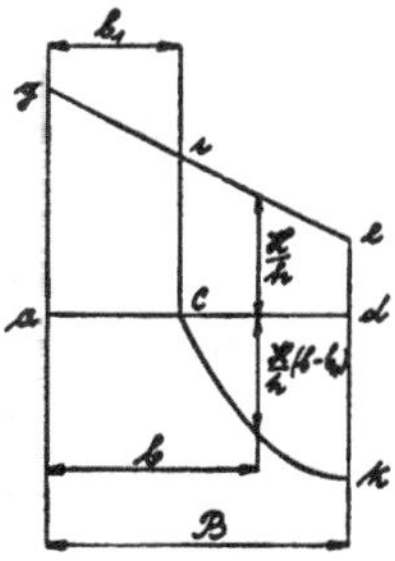

Fig. 13.

Um diese Gleichung zu lösen, nimmt man ein beliebiges b an und stellt für dieses (Fig. 13) die drei Integrale der Gleichung (C) durch Flächen mit den Abszissen b dar. Die Ordinaten können für jedes b als Reziproken aus Tafel I entnommen oder aus dem theoretisch richtigenQuerschnittabgegriffenwerden.

Bezeichnet man die drei Integralflächen abgekürzt mit *agic* $= f_1$, *cied* $= f_2$ und *cdk* $= f_3$, so erhalten die Gleichungen (A) bis (C) die vereinfachten Formen

$$x_1 f_1 = \frac{H b_1}{2} \quad . \; . \; . \; . \; . \; . \; . \; . \; . \; . \; . \; . \; . \; \text{(A)}$$

$$x_2 f_2 + \frac{\frac{H}{2} - x_2}{B - b_1} \cdot f_3 = \frac{H}{2}(B - b_1) \; . \; . \; \text{(B)}$$

$$x_1 f_1 + x_2 f_2 + \frac{\frac{H}{2} - x_2}{B - b_1} \cdot f_3 = \frac{HB}{2} \; . \; \text{(C)}$$

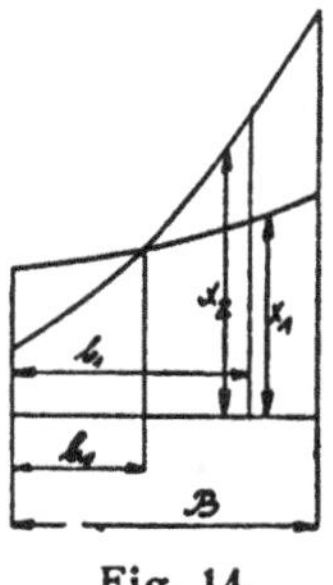

Fig. 14.

Für das angenommene b_1 ergeben sich aus (A) und (B) durch einfache Umformung die Werte

$$x_1 = \frac{H b_1}{2 f_1} \quad \text{und} \quad x_2 = \frac{H\,[(B - b_1)^2 - f_3]}{2\,[f_2 (B - b_1) + f_3]}.$$

Die Aufzeichnung der Integralflächen ist für verschiedene Werte von b_1 zu wiederholen und die daraus sich bestimmenden x_1 und x_2 sind in Abhängigkeit von b_1 (Fig. 14) aufzutragen.

Der Schnittpunkt der beiden Kurven x_1 und x_2 ergibt dann die gesuchte Strecke b_1.

Näherungsform a.

Für die Näherungsform *a* wird $y = O$, $b_1 = O$, $x_1 = x_2$, $f = f_1 + f_2$, $f_3 = O$.

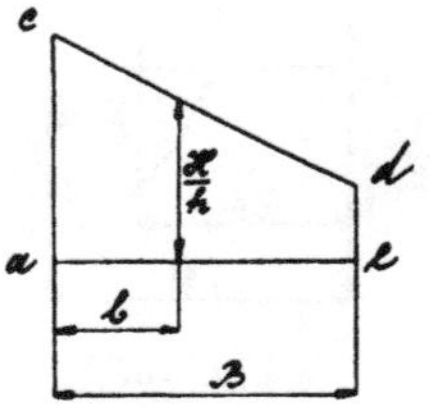

Fig. 15.

Daraus folgt ohne weiteres

$$x \int_O^B \frac{H}{h}\, db = \frac{H}{2} B \quad \text{(Fig. 15)}$$

$$x f = \frac{H B}{2}$$

$$x = \frac{H B}{2 f}$$

Verschiedene Profilschnitte dieser Näherungsform sind später gezeichnet.

Näherungsform b.

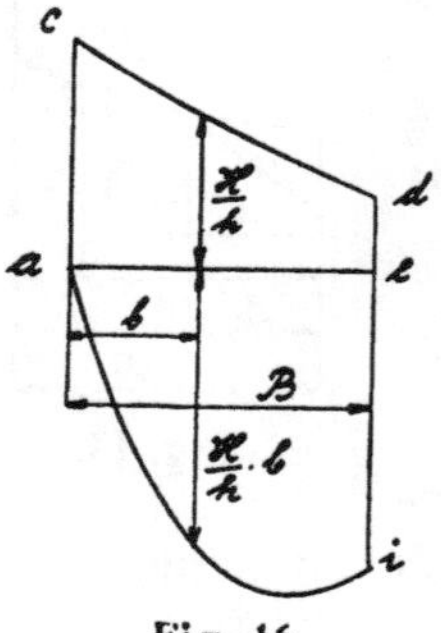

Fig. 16.

Für die Näherungsform *b* (Fig. 16) wird in der Integralgleichung (C) $b_1 = O$, demnach fällt das erste Integral fort; Gleichung (C) formt sich um in

$$x_2 f_2 + \frac{\frac{H}{2} - x_2}{B} \cdot f_3 = \frac{H B}{2}$$

darin ist f_2 = Fläche *a c d e*.

f_3 ist neu für die Grenzen *O* bis *B* zu ermitteln = Fläche *a e i* bei Fig. 16.

Durch Umformung ergibt sich $x_2 = \frac{H (B^2 - f_3)}{2 (f_2 B - f_3)}$.

Näherungsform *d*.

Eine weitere recht gute Näherungsform, welche den Vorzug einfacher Herstellung durch Fräsung hat, ist in Fig. 17 angegeben. Rechnerisch ist dieselbe leicht aus dem vorher Gesagten zu bestimmen, nur darf nicht außer acht gelassen werden, daß infolge der gekrümmten Form die Krümmungsradien verschieden sind. Die Herstellung geht aus den Skizzen Fig. 17 deutlich hervor. Ein doppeltkonischer Radfräser mit kugeligem Mittelteil schwingt um die im Fräskopf feste Achse *A* um etwa 30° nach jeder Seite während die Schaufel durch Kurvenschub so um den Fräser gedreht wird, daß das Längsprofil äquidistant zu dem Schnittpunkt dieser Achse mit einer durch die Fräserwelle gelegten Horizontalebene bleibt. Die Beschreibung des Fräsapparates selbst würde an dieser Stelle zu weit führen.

Bestimmung der Querprofile, wenn *B* verändert wird.

Es ist schon oben angedeutet worden, daß die Konstanterhaltung von *B* konstruktiv wünschenswert ist. Weiter unten wird gezeigt werden, daß bei Kontraktion von *B* nach der Mitte zu Wendepunkte in den Längsprofilkurven, d. h. Richtungswechsel in der Bahn der Elementarlamellen, eintreten können, welche die Gefahr von Wirbeln mit sich bringen. Demnach soll hier auch die Quereinziehung der Profile betrachtet werden, weil hier, wenn *b* kleiner wird, *h* größer bleibt, die Kontraktionen in der Höhe also geringer werden. Hieraus folgt, daß ein größeres *B* und damit eine gröbere Schaufelteilung verwendet werden kann, was für die Preisbildung in der Fabrikation von günstigem Einfluß ist, da der Preis etwa mit der Schaufelzahl wächst.

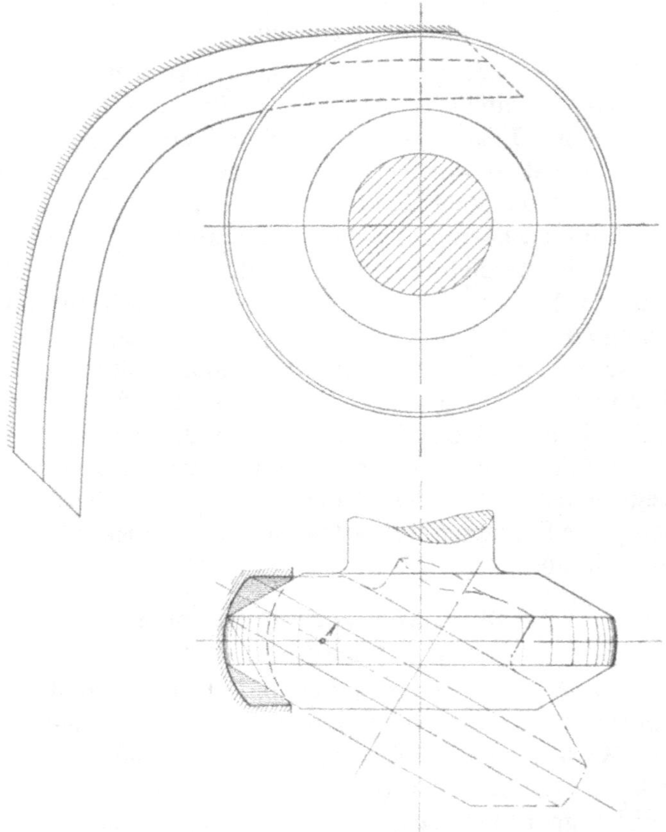

Fig. 17. Herstellung der Näherungsform *d*.

Theoretisch richtiges Profil.

Am einfachsten kommt man zur Lösung, wenn man ein nach obigem bestimmtes Mittel- und Endprofil für konstantes *B* verzeichnet (Fig. 18) und nun, ohne das Mittelprofil zu verändern, die Breite *B* des Endprofils vergrößert, seine Höhe dagegen verkleinert. Da *C* im Endprofil konstant ist, müssen die

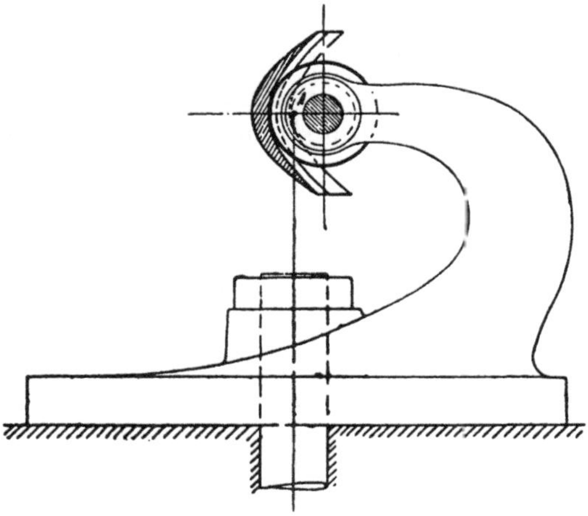

Fig. 17. Herstellung der Näherungsform *d*.

Querschnitte HB und $H_1 B_1$ gleich sein, also wenn $H_1 = \alpha H$, muß $B_1 = \frac{B}{\alpha}$ sein. Bleibt nun das Mittelprofil unverändert, so behält es seine größte Höhe H bei. Die innerste Lamelle erweitert sich also in der Mitte, das Verhältnis $\frac{h}{H}$ wird aber für die Zwischenpunkte günstiger, d. h. die Divergenz der Begrenzungskanten der Einzellamellen wird weniger groß. Haben die Einzellamellen im Eintrittsquerschnitt die Dicke dB, so ändern sie ihre Dicke allmählich bis zur Mitte, wo sie die Dicke αdB erhalten. Das Dickenmaß für alle Lamellen in gleichem Querschnitt ist gleich. Natürlich ändert sich der Wert α für jedes Querprofil. Es ist

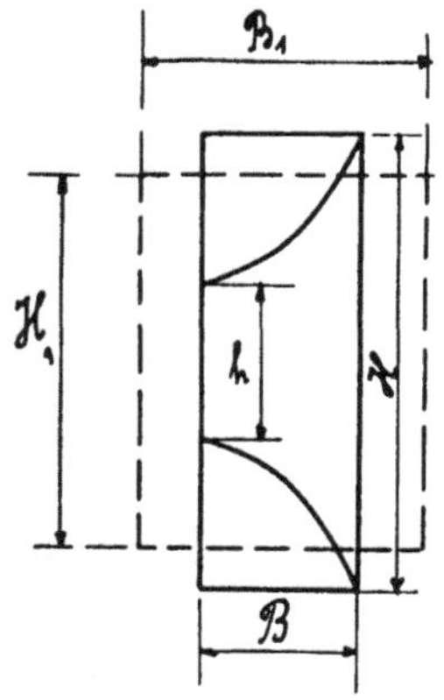

Fig. 18.

aus der angenommenen Einziehung des Längsprofils leicht zu bestimmen. Die Breite des Längsprofils muß nun so variiert werden, daß die Ablenkung der Strahlen aus der parallelen Richtung allmählich vor sich geht, bis in der Mitte die beabsichtigte Minimalbreite $\frac{B}{\alpha}$ erreicht ist, alsdann muß sich B wieder verbreitern, um kurz vor dem Austrittsquerschnitt wieder auf B zu kom-

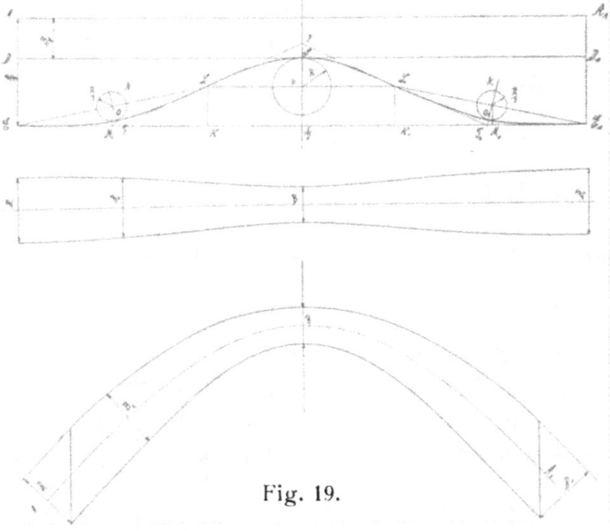

Fig. 19.

men. Natürlich müssen die Anfangs- und Endstücke der Begrenzungslinien parallel sein. Die folgende Konstruktion ergibt eine Lösung der Aufgabe (Fig. 19). AA_1 sei die Länge des gestreckt gedachten Längsprofils, man zieht im Abstand $\frac{B}{2}$ und $\frac{B_1}{2}$ die Linien DD_1 und EE_1, teilt AA_1 in sechs gleiche Teile und errichtet in den Teilpunkten Lote Gl, KL, MN; macht man nun $Gl = \pi R$, worin $R = \frac{B - B_1}{\pi + 2}$ ist, halbiert Gl

in V und zieht LVL_1 zu AA_1, zieht L_1E_1 und LE, beschreibt um die Schnittpunkte N und N_1 dieser letzteren Strecken mit MN und M_1N_1 Kreise mit dem Radius $r = \frac{R}{2}$, um V einen Kreis mit R als Radius, zieht ferner IF und IF_1 und verzeichnet die Sinuslinie LSL_1, welche bei S den um V geschlagenen Kreis berührt und die Sinuslinien $L_1O_1E_1$ und LOE tangential an die um N_1 und N geschlagenen kleinen Kreise, so ist $EOLSL_1O_1E_1$ die gesuchte Längsprofilbegrenzung. Die Konstruktion ist zwar nicht ganz genau (da LM nicht ganz gleich M_1E_1), sie ist jedoch beider in Frage kommenden geringen Divergenz der Linien praktisch vollkommen genügend; die Höhen sind der Deutlichkeit halber in der Figur gegenüber den Längen vergrößert. Es wird durch diese Profilierung erreicht, daß die bei A eintretenden Dampflamellen mit dem größtmöglichen Radius (d. h. mit geringster Kompression) allmählich abgelenkt, mit sanftestem Richtungswechsel kontrahiert, wieder parallel gerichtet und auf ihr Anfangsmaß verbreitert werden. Die Krümmungsradien der Sinuskurven sind nämlich bei E, L, L_1 und E_1 ∞, bei S, T und T_1 gleich groß und maximal bei gegebener Größe $B_1 - B$ und gegebenes AA_1. Hat man nun die Mittelkurve des Längsprofils verzeichnet (siehe weiter unten), so teilt man diese und AA_1 in die gleichen Teile, trägt in den Teilpunkten die oben ermittelten variabeln B ein und erhält so ein geeignetes Schaufellängsprofil; für jeden Punkt desselben ist also jetzt $\frac{B}{B_1} = \alpha$ gegeben und damit H_1 bestimmt.

Verzeichnet man in einem beliebigen Punkt des Längsprofils das dort erforderliche theoretisch richtige Querprofil für konstantes B, teilt dieses in eine

Anzahl gleicher Teile und teilt die Breite B_1 des erweiterten Querprofils in die gleiche Zahl gleicher Teile, trägt ferner in theoretisch richtigem Querprofil in den Teilrissen die zugehörigen Größen cp auf und verbindet die Endpunkte dieser Auftragungen durch eine Kurve, zieht die korrespondierenden Teilrisse des erweiterten Profils, dessen innerste Begrenzungslinie lotrecht unter der Innenkante des theoretischen Profils für konstantes B liegt, durch das theoretische Profil hindurch und greift das hier gefundene cp ab, so wird, da $h_1 c_1 p_1 = h c p$ sein muß, die Höhe h_1 des erweiterten Querprofils $h_1 = \frac{hcp}{c_1 p_1}$. Durch Wiederholung der Konstruktion werden die sämtlichen kontrahierten theoretisch richtigen neuen Querprofile verzeichnet.

Näherungsform für die kontrahierten Profile.

Es soll hier nur die der Form c entsprechende Näherungsform des kontrahierten Profils Fig. 20 untersucht werden. Bedingung ist aus Herstellungsgründen, daß die Maximalhöhe H des Mittelprofils auf H_1 reduziert wird, daß also die Höhe der innersten Lamelle konstant $= H_1$ wird. Analog den früheren Untersuchungen müssen die einzelnen Teile des Querprofils getrennt betrachtet werden.

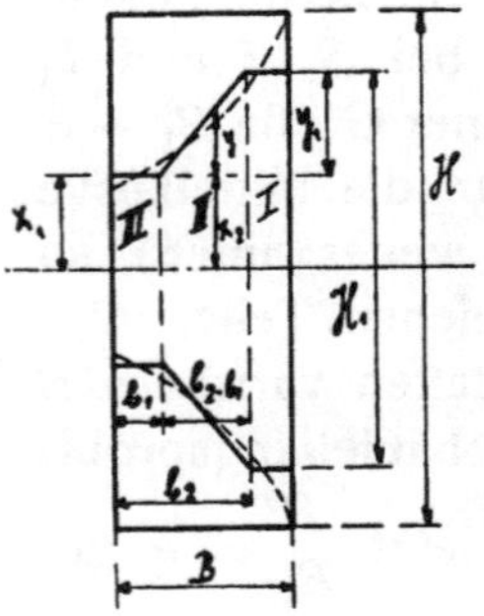

Fig. 20.

Die Breite $B—b_2$ des innersten Rechteckes findet sich aus folgender Rechnung:

Für das Mittelprofil ist, wenn α bekannt oder angenommen ist,

$$H_1 \int_{B-b_2}^{B} cp\,db = \alpha H (B - b_2) \cdot C \cdot P.$$

Da nun $cp = \frac{HCP}{h}$ so folgt:

$$H_1 \int_{B-b_2}^{B} \frac{H}{h} \cdot db = H\,(B - b_2); \qquad H_1 = \alpha H;$$

$$\int_{B-b_2}^{B} \frac{H}{h}\,db = \frac{B - b_2}{\alpha}.$$

Trägt man nun den Wert $\frac{H}{h}$ des theoretischen Profils auf B als Abszissenachse auf, bildet das Linienintegral (Fig. 21) mit $\int \frac{H}{h}\,db$ als Ordinaten und zieht eine Horizontale in dem Abstand $\frac{1}{\alpha} \parallel$ zur Abszissenachse, so gibt der Schnitt dieser Horizontalen mit der Integralkurve $\int \frac{db\,H}{2}$ die Größe $(B—b_2)$. Die beiden übrigen Flächen des Profils werden wie früher bestimmt. Die

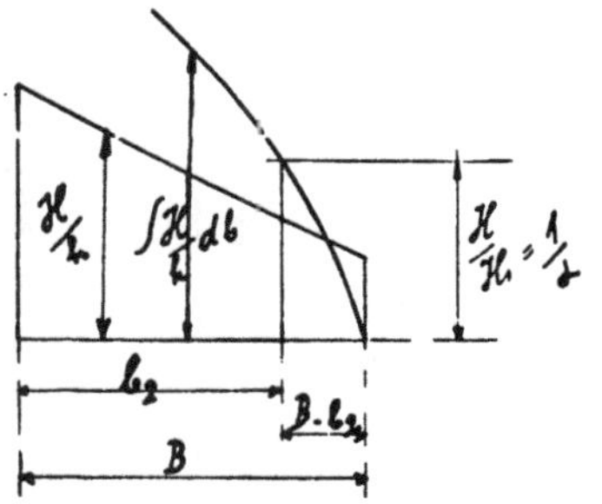

Fig. 21.

analog gebildeten Integrale lauten für ein angenommenes b_1

$$\text{für Teil III } x_1 \int_0^{b_1} \frac{H}{h} \cdot db = \frac{H}{2}\,b_1$$

$$\text{für Teil II } 2x_2 \int_0^{b_2} \frac{H}{h}\,db + \int_{b_1}^{b_2} 2y\,\frac{H}{h} \cdot db = H\,(b_2 - b_1)$$

$$\text{hierin ist } y = \frac{\alpha\,\frac{H}{2} - x_2}{b_2 - b_1} \cdot (b - b_1)$$

unter Einsetzung dieses Wertes erhält das Integral für Teil II die Form

$$x_2 \int_{b_1}^{b_2} \frac{H}{h}\, db + \frac{\frac{\alpha H}{2} - x_2}{b_2 - b_1} \int_{b_1}^{b_2} \frac{H}{h} (b - b_1)\, db = \frac{H}{2} (b_2 - b_1)$$

(Fig. 22).

Werden hier wieder die Flächenintegrale mit den Ordinaten $\frac{H}{h}$ für das über der Abszissenachse b abgebildete Integral, mit den Ordinaten $\frac{H}{h}(b - b_1)$ für das unter der Abszissenachse abgebildete Integral, konstruiert und bezeichnet man den Inhalt der Fläche *abef* mit f_1, den der Fläche *bcde* mit f_2 und den der Fläche *edg* mit f_3, so wird für Profilteil III $x_1 f_1 = \frac{H_1}{2} b_1$ daher

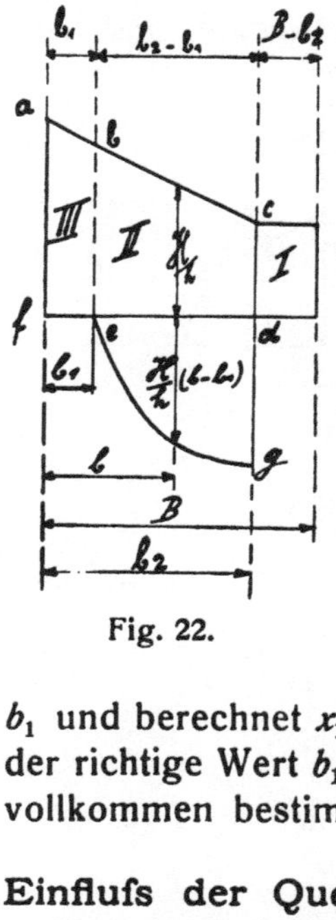

Fig. 22.

$$x_1 = \frac{H_1 b_1}{2 f_1} \text{ für Profilteil II}$$

$$x_2 f_2 + \frac{\frac{\alpha H}{2} - x_2}{b_2 - b_1} \cdot f_3 = \frac{H}{2} (b_2 - b_1)$$

$$x_2 = \frac{H}{2} \cdot \frac{(b_2 - b_1)^2 - \alpha f_3}{f_2 (b_2 - b_1) - f_3}.$$

Wiederholt man dieses Verfahren für einige angenommene b_1 und berechnet x_1 und x_2, so ergibt sich für $x_1 = x_2$ der richtige Wert b_1, damit ist aber die Näherungsform vollkommen bestimmt.

Einflufs der Querkontraktion der Profile auf Druck und Geschwindigkeit in denselben.

In Fig. 23 ist die Abwicklung einer Dampfstrahllamelle dargestellt; während der mittlere Dampffaden das Längsprofil gradlinig durchläuft, werden die mehr nach außen liegenden Fäden anfänglich nach der Mitte zu, hinter der Schaufelmitte aber wieder nach außen gedrängt und zuletzt wieder || gerichtet. Den jeweiligen Krümmungsradien dieser Ablenkungen entsprechen nach dem früheren wieder Druck und Geschwindigkeits-Änderungen. Die Druckverteilung wird indessen eine wesentlich andere. Während im Mittelfaden der Krümmungsradius ∞ bleibt, ändert sich derselbe für die weiter nach außen liegenden Fäden von ∞ zum Plusminimum durch ∞ hindurch zum Minusminimum und dann in umgekehrter Reihenfolge bis ∞ am Schaufelende.

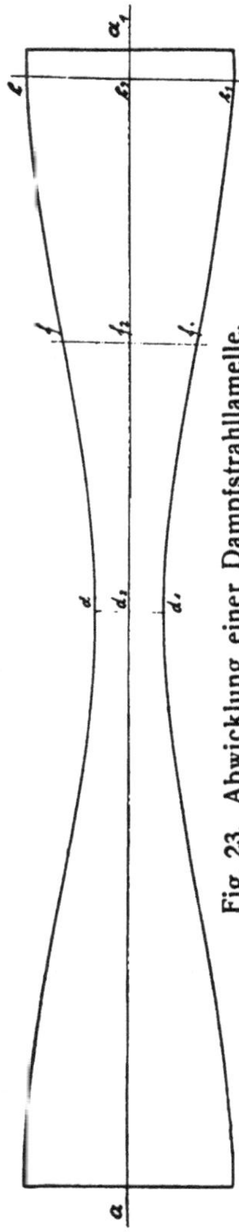

Fig. 23. Abwicklung einer Dampfstrahllamelle.

Aus dem Früheren folgt nun, daß bei d außen und e_2 innen die Drucke und Geschwindigkeiten, wie sie im theoretischen Profil berechnet wurden, unverändert bleiben müßten (bei Korrektur der Querschnitte ist dies auch der Fall), bei d_2 in der Mitte und e außen tritt eine Druckerhöhung, d. h. eine Geschwindigkeitsverminderung ein.

Es ist nun zu untersuchen, welchen Einfluß diese Drucksteigerungen haben, insbesondere ob diese letzteren so groß sind, daß eine Korrektur der Querschnitte nötig wird.

Bezeichnet man in Fig. 24 $\frac{h}{2}$ die Entfernung eines Massenpunktes von der Mitte des Profils von der Gesamthöhe h_1, so kann ϱ umgekehrt proportional $\frac{h}{2}$ angenommen werden, somit $\varrho = \frac{\beta}{\frac{h}{2}}$, worin β sich aus der Zeichnung ergibt, da ϱ für h_1 bekannt ist und für die Mitte (d. h. für $\frac{h}{2} = o) = \infty$ ist.

Es ist $\beta = \varrho_{\min} \cdot \frac{h_1}{h}$.

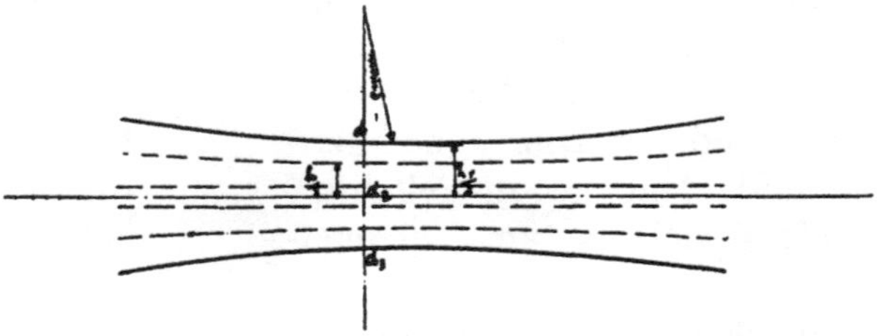

Fig. 24.

Das Massenelement dm des Dampfes unterliegt einer Zentrifugalwirkung, abhängig von der Geschwindigkeit c und dem Radius ϱ. Das Differential der Zentrifugalkraft ist also $dQ = dm \frac{c^2}{\varrho}$.

Es sei die Länge des Massenteilchens $= dl$, seine Dicke dh, seine Breite db, sein spezifisches Gewicht vor der Kompression durch die Zentrifugalkraft $= \gamma_1$, nach derselben $= \gamma_\varrho$, die bezügl. Drucke $= p$, resp. $p_\varrho \cdot dQ$ wird von der Fläche $dl \times db$ aufgenommen und belastet dieselbe mit dem spez. Druck dp

dann ist $dm \frac{c^2}{\varrho} = dp_\varrho \, dl \, db$.

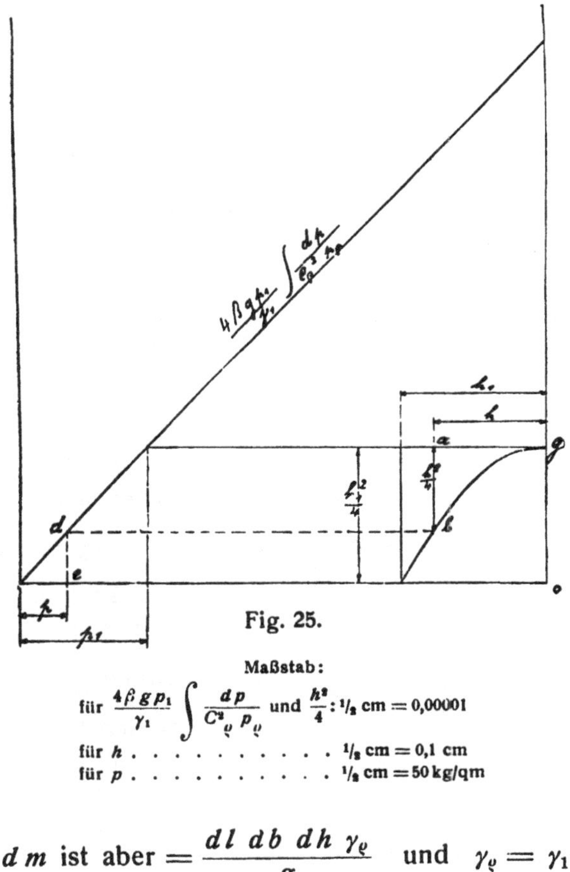

Fig. 25.

Maßstab:

für $\frac{4\beta g p_1}{\gamma_1} \int \frac{dp}{C^2_\varrho\, p_\varrho}$ und $\frac{h^2}{4}$: $^1/_2$ cm = 0,00001

für h . . . . $^1/_2$ cm = 0,1 cm

für p . . . . $^1/_2$ cm = 50 kg/qm

dm ist aber $= \frac{dl\; db\; dh\; \gamma_\varrho}{g}$ und $\gamma_\varrho = \gamma_1 \frac{p_\varrho}{p\,i}$;
da ferner $\varrho = \frac{2\beta}{h}$ ist, so wird

$$\frac{\gamma_1}{2\beta g p_1} \int_0^{\frac{h}{2}} p_\varrho\, c_\varrho^2 \cdot h\, dh = \int_0^{p_\varrho \max} dp$$

oder

$$\frac{\gamma_1}{2\beta g p_1} \int_0^{\frac{h_1}{2}} h\, dh = \int_0^{p_\varrho \max} \frac{dp}{c_\varrho^2\, p_\varrho} \quad \frac{\gamma_1}{4\beta g p_1} - h_2 = \int_0^{p_\varrho \max} \frac{dp}{c_\varrho^2\, p_\varrho}$$

bzw.
$$h^2 = \frac{4\beta g p_1}{\gamma_1}\int\limits_{o}^{p_{\varrho\,\max}} \frac{dp}{c_\varrho^2 p_\varrho}$$

analog Form 2) ist aber $c_\varrho^2 = c_1^2 - \frac{2 g p_1}{\gamma_1}\ln\left(\frac{p_\varrho}{p_1}\right)$ da nun p_1 und damit γ_1 sowie c aus dem theoretischen Profil bekannt ist, so kann c_ϱ für jedes angenommene p_ϱ berechnet werden.

Bildet man das Linienintegral $\frac{4\beta g p_1}{\gamma_1}\int \frac{dp}{c_\varrho^2 \cdot p_\varrho}$ wie früher (Fig. 25) und verzeichnet in einem rechts liegenden Koordinatensystem mit h als Abszissenachse zunächst von O aus $\frac{h_1^2}{4} = og$ und trägt von oben, d. h. von ga aus, als Ordinaten die $\frac{h^2}{4}$ für jedes $h = ag$ nach unten ab, so ergibt der Horizontalzug $b\,d$ bis zum Schnitt d mit der Druckintegralkurve und ein Lot von d nach e den in der Entfernung $h = ag$ herrschenden Druck p. Durch Wiederholung findet man für das ganze Profil die Druckverteilung. Man entnimmt nun aus den zur Rechnung für das Druckintegral gemachten Tabellen am besten graphisch das zu jedem p_ϱ gehörende c_ϱ und trägt in Fig. 26 die Produkte $c_\varrho \cdot p_\varrho$ als Ordinaten auf der Basis h_1 auf.

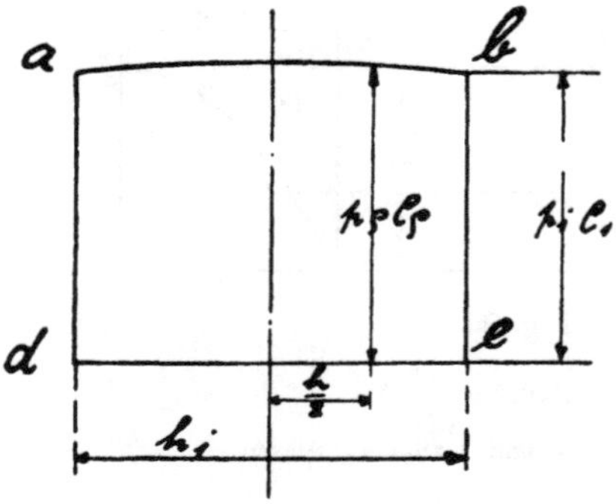

Fig. 26.

Den so ermittelten Druck- und Geschwindigkeitsverhältnissen würde aber, wenn der Randdruck p_1

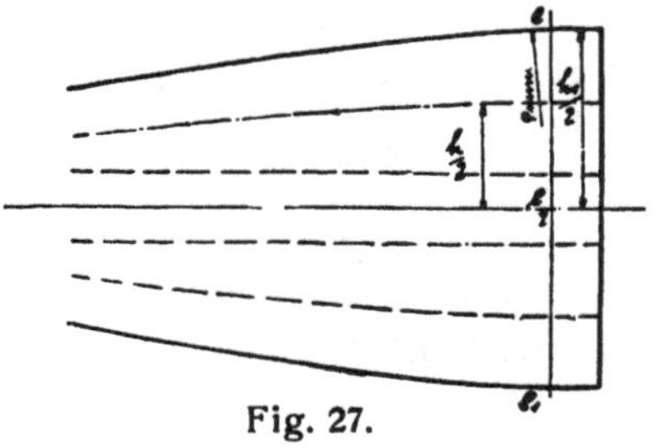

Fig. 27.

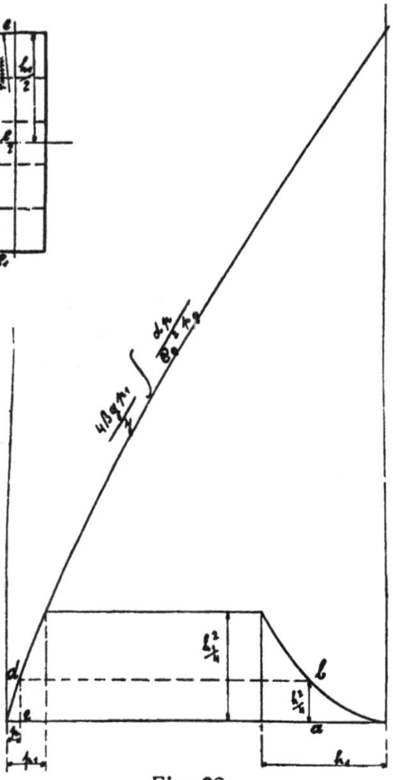

Fig. 28.

Maßstab:

für $\frac{4\beta g p_1}{\gamma_1}\int\frac{dp}{C^2_\varrho \cdot p_\varrho}$. $^1/_2$ cm = 0,00001

für $\frac{h^2}{4}$ . . . . $^1/_2$ cm = 0,00001

für h . . . . $^1/_2$ cm = $^1/_3$ cm

für p . . . . $^1/_2$ cm = 200 kg/qm

bliebe, eine größere den Querschnitt passierende Dampfmenge entsprechen, da in der Mitte $c_\varrho p_\varrho = p_1 c_1$ ist. Läßt man also h_1 unverändert, so müßte, da die Dampfmenge festgegeben ist, diese expandieren, die Drucke also geringer, die Geschwindigkeiten größer werden; bei den geringfügigen Unterschieden, wie dieselben aus der maßstäblichen Fig. 26 hervorgehen, ist dies für die Praxis unbedenklich. Man kann aber auch den Querschnitt durch Verkleinerung von h_1 auf h_2 korrigieren; alsdann muß

die Bedingung $\int_0^{h^2} c_\varrho p_\varrho \, d h_2 = h_1 c_1 p_1$ erfüllt werden.

Planimetriert man nun die Fläche *abed* und erhält als Inhalt die Größe f, so muß, um die obige Bedingung zu erfüllen $h_2 = \frac{h_1 c_1 p_1}{f}$ sein.

Es ändert sich hierbei allerdings ϱ_{min} nur um eine Kleinigkeit, diese Veränderung ist aber für die Rechnung so unwesentlich, daß sie füglich zu vernachlässigen ist.

Anders stellt sich der Verlauf der Druck- und Geschwindigkeitsänderungen an der Einziehung in der Nähe des Ein- und Austrittes (Fig. 27 und 28). Das Integral $h^2 = \frac{4 \beta p g_1}{\gamma_1} \int \frac{dp}{c_\varrho^2 p_\varrho}$ und seine Ableitung bleibt (natürlich mit anderem β, c, γ, p_1) das-

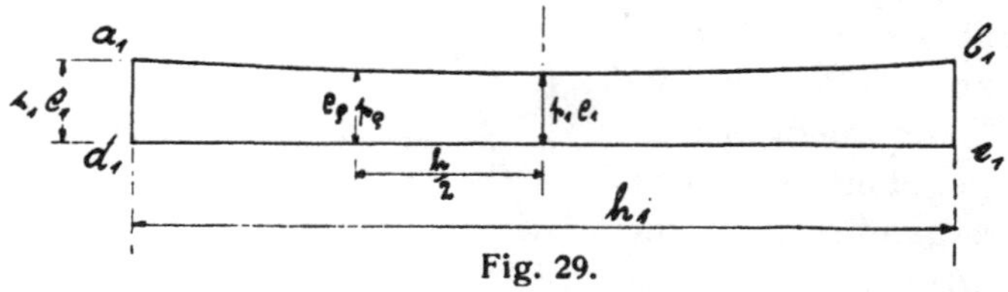

Fig. 29.

Maßstab: 2/3 cm = 100000 kg/m.

selbe; nur müssen hier, da der Verlauf der Druckänderungen umgekehrt ist wie oben, in dem rechtsseitigen Koordinatensystem die Werte h von unten her aufgetragen werden, um durch den Linienzug *abde* das zu jedem h gehörige p zu finden.

In Fig. 29 ist die $c_\varrho\, p_\varrho$ Kurve für diesen Querschnitt aufgetragen. Dasselbe, was oben über die Reduktion von h_1 auf h_2 gesagt ist, gilt auch hier.

Die vorstehenden Bestimmungen sind für ein Mittelprofil des ersten Laufrades unter der Annahme $C = 1000$ m, $P = 1000$ kg/qm $= 0{,}1$ Atm. und H

= 12 mm gezeichnet. Übrigens sind die Druckerhöhungen, wie die Tafeln ergeben, so gering, daß die Korrekturen unterbleiben dürfen.

Längenprofil der Schaufel.

Wie schon oben angedeutet, ist zur Verwendung als Längsprofil der Schaufel jede Kurve geeignet, bei welcher der Krümmungsradius sich im kurzen Ver-

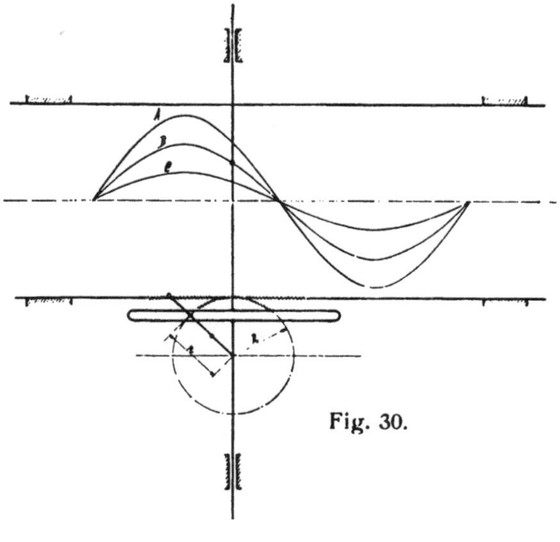

Fig. 30.

lauf von $\varrho = \infty$ auf ein bestimmtes kleines Maß ändert; einige solcher Kurven sind dort genannt. Wegen ihrer leichten Herstellbarkeit soll hier die Sinuskurve der Rechnung zugrunde gelegt werden, und zwar kommt sowohl die normale als die verlängerte Sinuslinie zur Verwendung. Mit Rücksicht auf die Praxis soll diese Kurve nun kinematisch und rechnerisch untersucht werden.

Die normale Sinuslinie entsteht kinematisch, wenn von einer Welle aus durch einen Kurbelzapfen mit dem Radius $r = R$ vermittels einer zur Schubrichtung normalen geraden Kurbelschleife ein Schreibstift a bewegt wird, während die Schreibtafel durch ein mit der Welle verbundenes Zahnrad, dessen Teilkreisradius R gleich dem Kurbelrad ist, vermittels einer Zahnstange rechtwinkelig zur Schubrichtung des Schreibstiftes bewegt wird (Fig. 30). Wird in

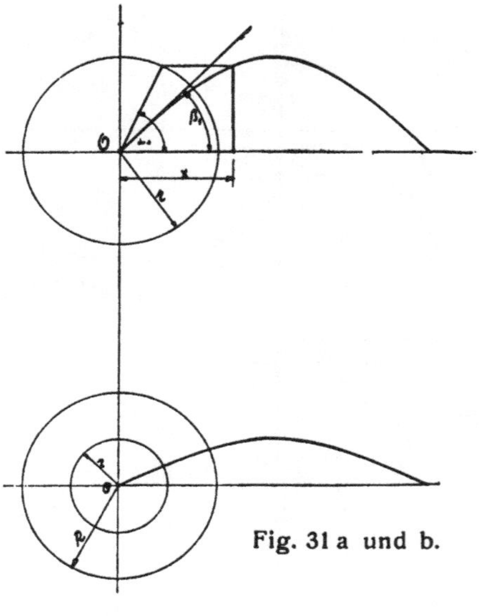

Fig. 31 a und b.

diesem Mechanismus der Radius der Kurbel verkleinert oder vergrößert, so entsteht statt der normalen eine verlängerte C oder verkürzte Sinuslinie A.

Für die normale Sinuslinie ist nach Fig. 31 a und b $x = r\alpha$ und $y = r \sin\alpha$, d. h. für $r = 1$ $x = \alpha$ und $y = \sin\alpha$; wird die Kurbel verkürzt oder verlängert, dann bleibt die Bewegung der Schreibtafel, d. h. die Abszissenachse von dem Zahnradradius R, die Bewegung des Schreibstiftes (d. h. die Ordinaten) von r (dem veränderten Kurbelradius) abhängig. Macht man nun $R = nr$, so entsteht, je nachdem $R > r$ oder $R < r$ eine verlängerte oder verkürzte Sinuslinie, für welche dann die Gleichung $y = \sin\frac{x}{n}$ ist. Die Anfangstangente bestimmt sich aus $\frac{dy}{dx}$ tgβ. Dies ergibt für die normale Sinuslinie, da hier $dy = dx$ tgβ = tg 45°, für die verkürzte oder verlängerte Sinuslinie tg$\beta = \frac{1}{n} = \frac{r}{R}$.

Der Krümmungshalbmesser an jeder beliebigen Stelle berechnet sich aus der bekannten Gleichung

$$\varrho = \pm \frac{\left[1 + \left(\frac{dy}{dx}\right)^2\right]^{3/2}}{\frac{d^2y}{dx^2}}$$

da nun hier allgemein $y = \sin\frac{x}{n}$,

so ist $\frac{dy}{dx} = \frac{1}{n}\cos\left(\frac{x}{n}\right)$ und $\frac{d^2y}{dx^2} = -\frac{1}{n_2}\sin\left(\frac{x}{n}\right)$.

Es wird also

$$\varrho = \pm \frac{\left(1 + \left[\frac{\cos\left(\frac{x}{n}\right)^2}{n}\right]\right)^{3/2}}{\frac{1}{n^2}\sin\left(\frac{x}{n}\right)}$$

(für die normale Sinuslinie ist $n = 1$).

Für den Koordinatenschnittpunkt ist $a = \frac{x}{n} = 0$, daher $\cos\left(\frac{x}{n}\right) = 1$ $\sin\left(\frac{x}{n}\right) = 0$; es wird daher für ihn

$$\varrho = \frac{\left(1 - \frac{1}{n^2}\right)^{3/2}}{\frac{1}{n^2}\cdot 0} = \infty.$$

Im Scheitelpunkt der Sinuskurve wird ϱ zum Minimum.

$$\varrho_{\min} = \pm \frac{(1+0^2)^{3/2}}{-\frac{1}{n^2}} = \pm n^2,$$

weil $\alpha = \frac{x}{n} + \frac{\pi}{2}$; $x = \frac{n\pi}{2}$; demnach $\cos\frac{x}{n} = 0$ und $\sin\frac{x}{n} = 1$.

In diesen Gleichungen ist $r = l$, demnach wird mit Bezug auf die kinematische Darstellung der Krümmungshalbmesser im Scheitel

$$\varrho_m = rn^2 \text{ und da } rn = R \text{ ist,}$$

$$\varrho_m = nR.$$

Im Koordinaten-Nullpunkt ist ϱ für alle Fälle $= \infty$.

Für die Schaufel soll hier die normale Sinuslinie verwendet werden, aus Gründen, welche später bei der Gesamtposition der Turbinen zur Erörterung kommen werden.

Für diesen Fall wird also $\varrho_{\min} = r = R$.

Für die Verzeichnung der Schaufel ist entsprechend den Annahmen für die Integrale in Tafel I $\varrho = R$ $r = 16$ mm gewählt.

In Tafel I ist die normale Sinuslinie als Mittellinie des Längsprofils verzeichnet und die Grenzlinien mit dem Abstand von je 2 mm ($B = 4$ mm) als Aequidistanten zur Sinuslinie gezogen. — Die Abszissenachse liegt in den Laufrädern in der Seite des Radzylinders. Die Sinuslinie wird nun in gleiche Teile geteilt, für die Teilpunkte die Größe der Krümmungshalbmesser berechnet, ihre Richtung zeichnerisch aus der Tangente bestimmt. Aus Tafel I sind für jedes Profil nach den vorstehenden Methoden die h abzugreifen. Die Profilierung ist in Tafel II I bis V durch Längsschnittabwicklungen dargestellt. Damit ist die Schaufel, nachdem noch eventuell die Korrekturen wegen der Kontraktion durch Zentrifugalkräfte vorgenommen sind, vollständig bestimmt.

Abgesehen von den rechnerisch einfachen Feststellungen der Werte von c und p für die Integrale und der Werte für die ϱ der Sinuskurve, ist die Konstruktion der Turbinenschaufel in ihren Längs- und Querprofilen durch die gewählten Methoden auf eine einfache zeichnerische für den Ingenieur bequeme Form gebracht. Es würde zu weit führen, wollte ich hier auf die Einzelheiten der Ausführung der Schaufeln eingehen. Die maßgebenden Gesichtspunkte sind hierfür in dem früheren enthalten.

Arbeitsdiagramm.

Wenigstens für die einfachste der Näherungsformen (a) soll die Arbeit, welche den Schaufeldrucken entspricht, graphisch dargestellt werden, um die Wirkungsweise klar ersichtlich zu machen. Aus den früheren Untersuchungen ist für jedes Querprofil der Druck p in der äußersten, der Druck P in der innersten Lamelle bekannt. Auf die untersuchte Wirkung der Querkontraktion (was ja, wie nachgewiesen, praktisch zulässig ist) soll keine Rücksicht genommen werden. Fig. 32.

Die Drucke p wirken normal zur Schaufelfläche, die Schaufelbegrenzungslinien des Längsprofils sind aequidistant, und für die Näherungsform a sind die in der Richtung der Krümmungsradien liegenden Querprofile Rechtecke von der Höhe h und der Breite B.

Trägt man nun Fig. 32 die äußeren Drucke p und die inneren Drucke P in der Richtung der Krümmungsradien, d. h. normal zu den Schaufelflächen auf, zerlegt sie in ihre Komponenten in der Richtung der Radgeschwindigkeit und normal zu der-

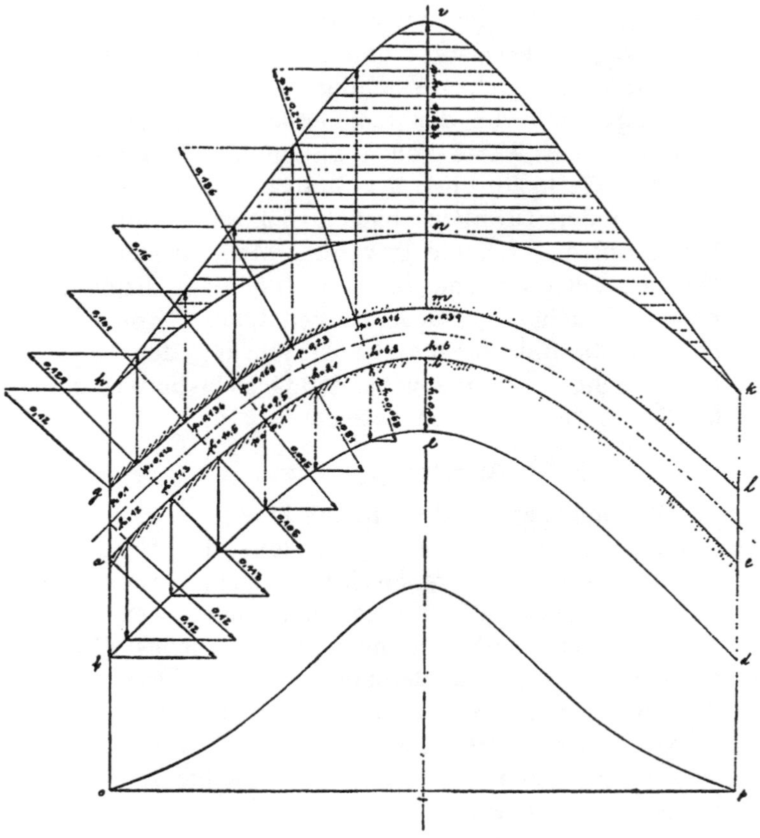

Fig. 32.

selben, nachdem man sie vorher mit der jeweiligen Schaufelhöhe *h* multipliziert hat, und verbindet die Enden der Komponenten nach der Radgeschwindigkeit durch Kurvenzüge, so entstehen die Flächen *abcdef* für die Schaufelrückdrücke und die Fläche *ghiklm* für die aktiven Schaufeldrücke. Macht man die Fläche *ghnklm* (zwecks der Subtraktion beider voneinander) gleich der Fläche *abcdef*, so bleibt die schraffierte Fläche *likn* übrig. Ist nun die Radbreite *op*, so stellt die schraffierte Fläche, welche in Fig. 32 zwecks einfacherer Ausmittelung auf eine gerade Grundlinie gebracht ist, den Gesamtdruck auf die untersuchte Schaufel dar. Multipliziert man den Inhalt der Fläche (in kg/cm) mit der Radgeschwindigkeit pro Sekunde, so erhält man die pro Sekunde von der Schaufel geleistete Arbeit.

Mehrfache Schaufeln.

Die Schaufelhöhe ist dadurch begrenzt, daß bei angenommener Länge der Divergenzwinkel der Randlinien der äußersten Lamelle nicht zu nahe an dasjenige Maß herankommt, bei dem ein Abheben des Strahls von den Schaufelwänden zu befürchten ist. Ist eine größere Höhe der Schaufel wegen der damit verbundenen Mehrleistung erwünscht, so können in demselben Schaufelkörper mehrere Querprofile in der Richtung des Radradius übereinander angeordnet werden.

Formeln für adiabatische Expansion.

Falls es sich nicht um überhitzten Dampf handelt, wäre die Bestimmung der Kompressions- und Expansionsarbeiten nach dem Mariotteschen Gesetz ebenso zulässig wie auch im Dampfmaschinenbau. Bei Anwendung wesentlicher Überhitzung liefert die Rechnung aber zu ungenaue Ergebnisse.

Es soll daher hier kurz untersucht werden, wie sich die früher abgeleiteten Formeln umgestalten, wenn die Adiabate zugrunde gelegt wird.

Wird der durch adiabatische Kompression erhöhte Druck mit p_a, das zugehörige Volumen mit V_a, der Exponent mit n bezeichnet, während der Anfangsdruck wie früher P, das betreffende Volumen mit V benannt wird, so ist bekanntlich die Kompressionsarbeit

$$L = \frac{p_a v_a}{n-1}\left(1 - \frac{P^{\frac{n-1}{n}}}{p_a}\right) \quad . \quad (6)$$

und

$$L = \frac{p_a v_a^n}{1-n}\left(V^{n-1} - v_a^{1-n} \quad (6a)\right.$$

ferner ist für adiabatische Kompression

$$p_a v_a^n = P \cdot V^n \quad . \quad (7)$$

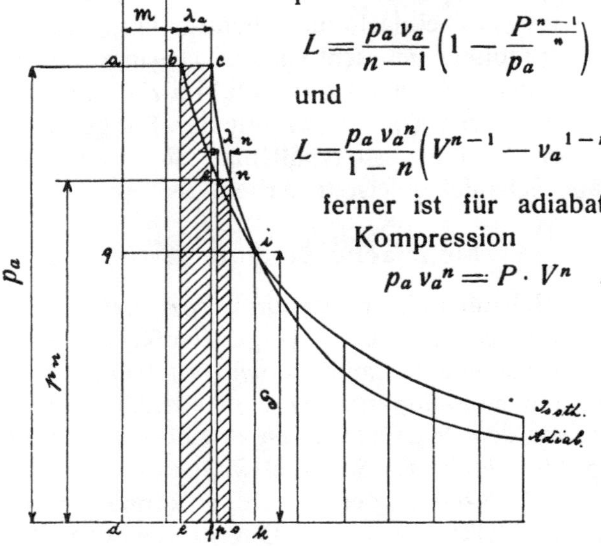

Fig. 33.

Musil formt Gleichung 6a wie folgt um: Dividiert man beide Seiten der Gleichung (7)

$$p_a v_a^n = PV^n \text{ durch } V^n, \text{ so folgt}$$

$$p_a \cdot v_a^n V^{-n} = P \text{ und durch Multiplikation mit V}$$

$$p^a v_a^n V^{1-n} = PV \quad . \; . \; . \; . \; . \; . \; . \; . \; . \; . \; . \quad (8)$$

Durch Multiplizieren erhält man aus 6a

$$L = \frac{p_a v_a^n}{1-n}\left(V^{1-n} - v_a^{1-n}\right)$$

$$L = \frac{p_b v_a - p_a v_a^n}{1-n} V^{1-n}; \text{ aus (8) folgt nun}$$

$$L = \frac{p_a v_a - PV}{n-1} \quad . \; . \; . \; . \; . \; . \; . \; . \; . \; . \quad (9)$$

Zähler und Nenner sind mit — 1 multipliziert.

Diese Formel ergibt nun eine gute graphische Lösung (Fig. 33). Trägt man in einem Koordinatensystem mit $V = \overline{dk}$ als Abszissenachse die p_a als Ordinaten auf, so sei, wenn im Punkt i das spez. $V = 1$ ist, $ik = P$.

Verzeichnet man ferner durch i die der Mariotteschen Linie entsprechende Hyperbel ib, so ist, wenn $\overline{ab} = m$

$$m \cdot p_a = P\,V,$$

für $V = 1$ ist aber $V^n = V$, also $PV^n + P \cdot V, = m \cdot p_a$ und da nach (7) $P\,V^n = p_a v_a{}^n = PV$, für $V = 1$ so ist

$$m = v_a{}^n.$$

Aus (4) folgt: $p_a v_a =$ dem Inhalt des Rechteckes $acfd$
= „ „ „ „ $dqik$.

Dieses letztere aber ist (aus der Hyperbel) flächengleich dem Rechteck $abed$, daher ist $p_a v_a = PV$ = dem Inhalt des Rechteckes $bcfe$, da dieses gleich der Differenz der Rechtecke $acfd$ und $abed$ ist. Nenne ich also die aus der Zeichnung hervorgehende Strecke $\overline{bc} = \lambda_a$, so ist

$$\lambda_a p_a = p_a v_a - PV \quad (\text{für } V = 1) \text{ aus } (9)$$

also $L_a = \dfrac{\lambda_a p_a}{n-1}$ für die Diagrammstrecke i bis c

$L_b = \dfrac{\lambda_b p_b}{n-1}$ für die Diagrammstrecke i bis n,

daher $L_a - L_b = \dfrac{\lambda_a p_a - \lambda_n \cdot p_n}{n-1}$ für die Diagrammstrecke n bis c.

Nach früherem war (wenn m die Masse des betrachteten Teilchens, C_n seine Anfangs-, c_a seine durch die Kompression verminderte Endgeschwindigkeit ist)

und $\dfrac{m}{2}\,(C_n{}^2 - c_a{}^2) = L_a - L_b =$ der Kompressionsarbeit. $\dfrac{V\gamma_0}{2\,g}$ ist aber $= m$, daher

$$\frac{V\gamma_0}{2g}(C_n^2 - c_a^2) = \frac{\lambda_a p_a - \lambda_n p_n}{n-1} \text{ und da } V = 1$$

$$C_n^2 - c_a^2 = \frac{2g}{(n-1)\gamma_0}(\lambda p_a - \lambda_n p_n) \text{ oder}$$

$$c_a^2 = C_n^2 = \frac{2g}{(n-1)\gamma_0}(\lambda_a p_a - \lambda_n p_n)$$

Ermittelt man nun für mehrere p_a das zugehörige λ_a, rechnet die Werte $\sqrt{\frac{2g}{(n-1)\gamma_0)}(\lambda p_a - \lambda_n p_n)}$ für diese p_a und verzeichnet nun einen Halbkreis mit dem $\Phi = C_n = \overline{AB}$, schlägt mit $\sqrt{\frac{2g}{(n-1)\gamma^0}(\lambda_a p_a - \lambda_n p_n)}$ $= \overline{DB}$ einen Kreisbogen durch D und B, so ist $c_a = AD$ (Fig. 34). Damit kann in einfacher Weise für jedes p_a das zugehörige c_a ermittelt werden.

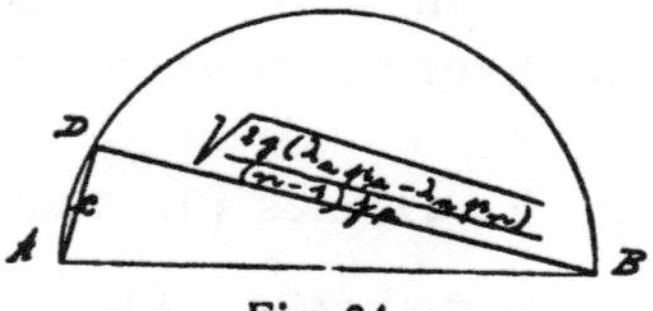

Fig. 34.

Rechnerisch finden sich c^2 wie folgt: Da nach (6)

$$L = \frac{P_a v_a - PV}{n-1}$$

und nach (7)

$$p_a v_a^n = PV^n,$$

so ist aus (7) $v_a^n = \frac{PV^n}{p_a}$ und $v_a = V\left(\frac{P}{p_a}\right)^{\frac{1}{n}}$, daher

$$L = \frac{p_a V\left(\frac{P}{p_a}\right)^{\frac{1}{n}} - PV}{n-1} =$$

$$\frac{V}{n-1} \cdot (p_a^{1-\frac{1}{n}} \cdot P^{\frac{1}{n}} - P) = L \quad . \quad . \quad (10)$$

da nun $L = \frac{m}{2}(C^2 - c^2)$ und $\frac{m}{2} = \frac{V\gamma_0}{2g}$, so ist

$$L = \frac{V\gamma_0}{2g} C^2 - c^2) = \frac{V}{n-1}(p_a^{1-\frac{1}{n}} \cdot P^{\frac{1}{n}} - P), \text{ oder}$$

$$C^2 - c^2 = \frac{2\,g}{(n-1)\,\gamma_0}\left(p_a^{\frac{n-1}{n}} P^{\frac{1}{n}} - P\right), \text{ d. h.}$$

$$c^2 = C^2 - \frac{2\,g}{\gamma_0\,(n-1)}\left(p_a^{\frac{n-1}{n}} P^{\frac{1}{n}} - P\right) \quad . \quad (11)$$

Das spezifische Gewicht des Dampfes γ_a, welches dem Druck p_a entspricht, ermittelt sich analog dem früher abgeleiteten.

Es war gefunden $v_a = v\left(\frac{P}{p_a}\right)^{\frac{1}{n}}$, da nun

$v_a\,\gamma_a = v\,\gamma_0$ sein muß, so ist

$$V\left(\frac{P}{p_a}\right)^{\frac{1}{n}} \gamma_a = V\gamma_2{}^0$$

$$\gamma_a = \gamma_0\left(\frac{p_a}{P}\right)^{\frac{1}{n}} \quad . \quad . \quad . \quad . \quad . \quad (12)$$

Die Beziehung zwischen $h p_a c$ finden sich aus der gleichen Betrachtung wie sie früher angestellt wurde.

Es war dort $l = \frac{Lc}{C}$ und aus der Gewichtsgleiche $H dB L\gamma_0 = h db l\gamma_a$ und $dB = db$ als konstruktive Bedingung.

$$HL\gamma_0 = \frac{hLc}{C}\gamma_a \text{ unter Einsetzung von (12)}$$

$$H\gamma_0 = \frac{hc}{C}\gamma_0\left(\frac{p_a}{P}\right)^{\frac{1}{n}} \text{ d. h.}$$

$$CHP^{\frac{1}{n}} = chp^{\frac{1}{n}} \quad . \quad . \quad . \quad . \quad . \quad (13)$$

Die Ermittlung der Werte von p_a aus der Zentrifugalkraft erfolgt wie früher. Es ist

$$\frac{dm\,c_2}{\varrho} = dQ.$$

Das Massenelement des Dampfes in der Schaufel habe eine Grundfläche df und die Höhe $d\varrho$ (siehe früher), so ist $dm = \frac{df\,d\varrho\,\gamma_a}{g}$, dQ wirkt auf die Fläche df mit dem Druck dp, daher

$$\frac{df \cdot d\varrho \gamma_a c^2}{g \cdot \varrho} = dp \cdot df, \text{ also}$$

$$\frac{\gamma_a}{g} \cdot \frac{c^2 d\varrho}{\varrho} = dp \text{ mit Benutzung von (12).}$$

$$\frac{\gamma_a}{g} \left(\frac{p_a}{P}\right)^{\frac{1}{n}} \cdot c^2 \frac{d\varrho}{\varrho} = dp$$

$$\frac{d\varrho}{\varrho} = \frac{P^{\frac{1}{n}} g}{\gamma_0} \frac{dp}{c^2 p_a^{\frac{1}{n}}} \text{ und durch Integration}$$

$$\ln\left(\frac{\varrho_a}{\varrho_i}\right) = \frac{P^{\frac{1}{n}} g}{\gamma_0} \int \frac{dp}{c^2 p_a^{\frac{1}{n}}}.$$

Die Linien-Integralkurve kann nun aus

$$\frac{g P^{\frac{1}{n}}}{\gamma_0 c^2 p_a^{\frac{1}{n}}} = \frac{g}{\gamma_0 c^2} \left(\frac{P}{p_a}\right)^{\frac{1}{n}}$$

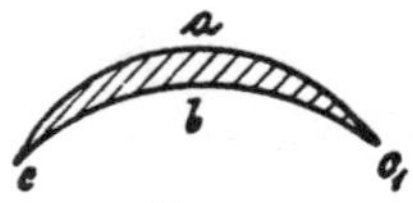

Fig. 35.

wie früher gebildet werden, da für jedes p_a das zugehörige c aus (11) bekannt ist.

Es mag hier noch eine kurze Betrachtung über den Wärmedurchgang durch die Schaufel Platz finden. In Fig. 35 ist die Schaufel gezeichnet; bei ac und c hat der Dampf die Spannung P und die zugehörige Temperatur t_0, die Temperatur in der Schaufelhöhlung von a bis b steigt dagegen entsprechend der Drucksteigerung von t_0 auf t, außerdem erzeugt die Dampfreibung an der Wand $a\,b$ Wärme. Die Schaufel hat demnach bei b eine höhere Temperatur als bei a; es findet also ein Wärmedurchgang von b nach a statt. Bei der enormen Dampfgeschwindigkeit, bei den geringen Temperaturdifferenzen und bei der geringen Größe der Flächen ist die durchgeleitete Wärmemenge zweifellos so gering, daß eine rechnerische Korrektur überflüssig erscheint; ebensowenig ist zu befürchten, daß die ungleiche Erwärmung eine Deformation (Streckung) des Schaufelprofils bewirken könnte.

Düsen.

Die von Zeuner analytisch bestimmte Form der Düsen läßt sich in einfacher Art graphisch bestimmen.

Verzeichnet man nach der auf S. 46 angegebenen Methode das Druckvolumdiagramm für Adiabate und Isotherme, so daß sich beide im Punkt d für $V = 1$ schneiden und berechnet ähnlich wie dort die Geschwindigkeit des Dampfes der mit $c = 0$ in die Düse eintritt, unter der Annahme, daß die gesamte Expansionsarbeit in lebendige Kraft umgesetzt wird, so findet sich für jede Stelle der Düse die zugehörige Geschwindigkeit c des Dampfes.

Trägt man nun auf der Abszissenachse $= v$ für die Punkte der Adiabate die zugehörigen c als Ordinaten auf (Fig. 36), so entsteht die Kurve c. Für 1 kg Dampf ist nun, wenn F den Querschnitt der Düse am Ende und C die zugehörige Austrittsgeschwindigkeit bedeutet,

$$\frac{\gamma_0}{q} \cdot F \cdot C \cdot 3600 = 1, \text{ d. h. } F = \frac{q}{\gamma_0 \cdot C \cdot 3600},$$

bei quadratischen Querschnitt der Düse

$$D^2 = F, \text{ also } D \frac{1}{60} \sqrt{\frac{q}{\gamma_0 \cdot C}};$$

durch die verschiedenen Querschnitte von der Seitengröße d und $d^2 = f$ passiert die gleiche Dampfmenge, d. h. es muß

$$\frac{F \cdot L \cdot \gamma_0}{q} = \frac{f \cdot l \cdot \gamma_1}{q_1} \text{ und für } q = q_1 = 1$$

$F \cdot L \cdot \gamma_0 = f \cdot l \cdot \gamma_1$ unter L und l die Länge des Elementarteilchens nach früheren verstanden, dann ist

$$l = \frac{L \cdot c}{C} \quad . \quad . \quad . \quad . \quad . \quad . \quad (14)$$

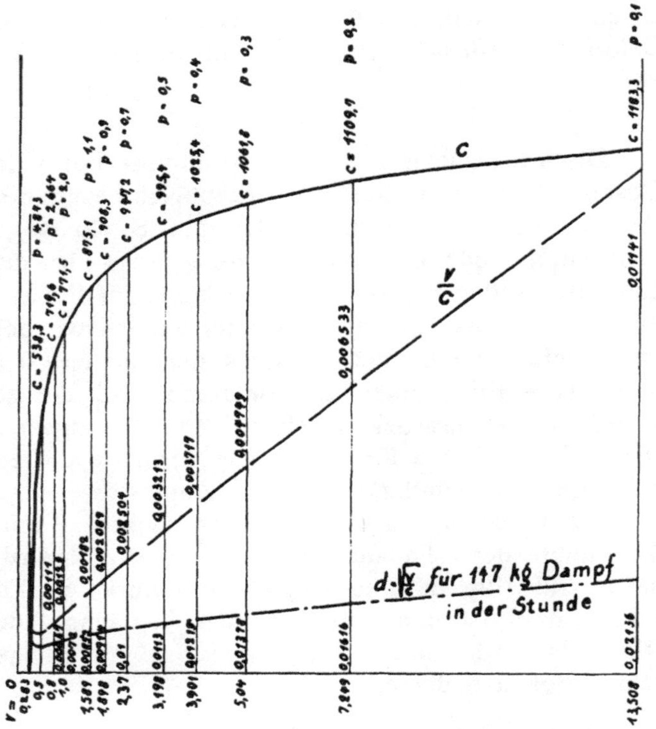

Fig. 36.

und für die Adiabate

$$\gamma_t = \gamma^0 \left(\frac{p}{P}\right)^{1/n} \quad . \; . \; . \; . \; . \; . \quad (15)$$

Dann wird

$$F \cdot L \gamma_0 = f \cdot \frac{L \cdot c}{C} \left(\frac{p}{P}\right)^{1/n} \cdot \gamma_0 \text{ oder } F \cdot C = f \cdot c \left(\frac{p}{P}\right)^{1/n}$$

Nun ist aber aus $p \cdot v^n = P \cdot V^n$; $v = \left(\frac{p}{P}\right)^{1/n}$ und $F \cdot C = V$, also

$$V = v \left(\frac{p}{P}\right)^{1/n} = f \cdot c \cdot \left(\frac{p}{P}\right)^{1/n}, \text{ d. h. } v = f \cdot c \text{ oder } \frac{v}{c} = f.$$

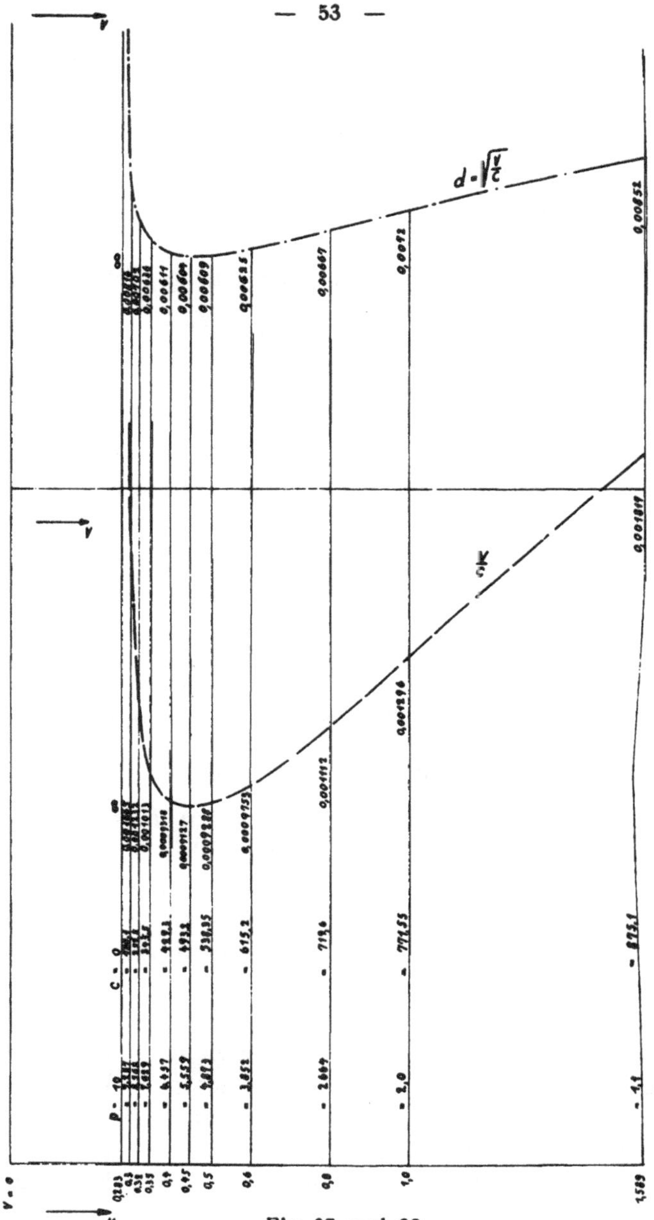

Fig. 37 und 38.

Da aber $d^2 = f$, so ist $d = \sqrt{\frac{v}{c}}$.

In dem vorstehenden Diagramm Fig. 36 ist aber c für jedes v bestimmt. Man kann also $\frac{v}{c}$ und $\sqrt{\frac{v}{c}}$ rechnerisch bestimmen und als Ordinaten auftragen, erhält damit in der Kurve für $d = \sqrt{\frac{v}{c}}$ das Düsenprofil; in Fig. 37 ist das Profil des Düsenanfangs in 10fachem Maßstab, in Fig. 38 die $\frac{v}{c}$-Kurve im gleichen Maß aufgetragen.

Es ist ohne weiteres ersichtlich, daß das so ermittelte Düsenprofil konstantem Volumgefälle entspricht; es könnte die Frage entstehen, ob nicht eine Düse 2) für konstantes Druckgefälle und 3) eine Düse für konstantes Geschwindigkeitsgefälle richtiger sein würden.

Um die entsprechenden Längsprofile zu finden, braucht man nur für 2) (Fig. 39) auf p als Abszissenachse und für 3) auf c als Abszissenachse (Fig. 40) aus obigen Diagrammen die zugehörigen $d = \sqrt{\frac{v}{c}}$ als Ordinaten aufzutragen. Aus den Figuren geht hervor, daß die Düsen für konstantes p und c-Gefälle wegen der Gefahr der Ablösung des Strahls von der Wand und wegen zu bedeutender Reibungsverluste, welche weiter unten behandelt werden sollen, fast unbrauchbar sind.

Die Düse für konstantes Volumgefälle erscheint als die vorteilhafteste. Wird ihre Länge so gewählt, daß die Divergenz der Diagonalkanten nicht größer ist als $^1/_{10}$, welche Neigung nach den bisherigen Anschauungen nicht überschritten werden sollte, um keine Strahlstörungen zu erhalten, so schadet bei

Maßstab für d: 1 cm = 1 cm

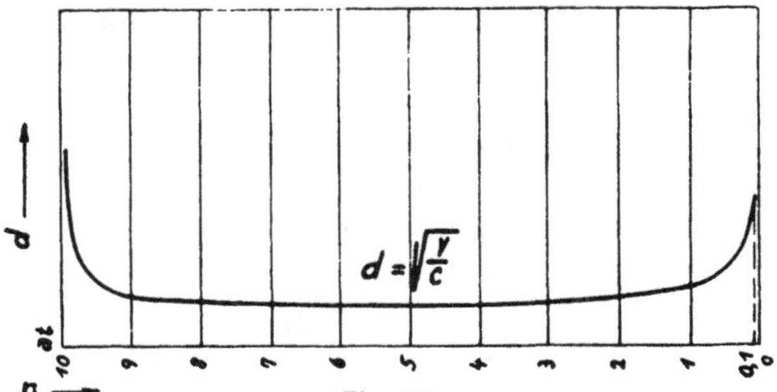

Fig. 39.

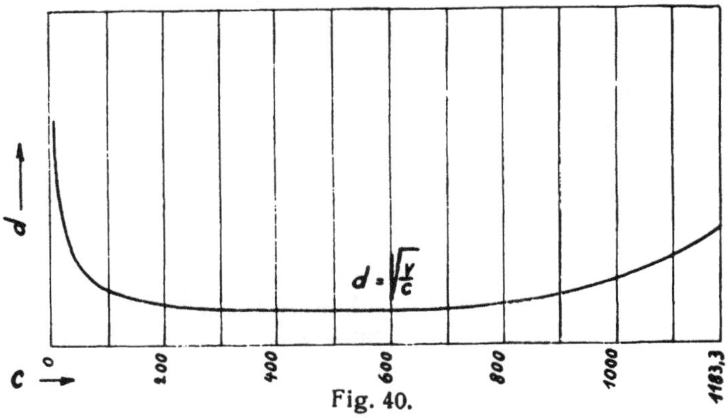

Fig. 40.

dem leicht parabolisch gewölbtem Profil die stärkere Neigung im Düseninnern nichts, da sie im Gebiet stärkeren Innendrucks liegt. Genaue Versuche zur Erprobung dieser Profilform und zur Feststellung der maximalen Neigung wären dringend erwünscht.

Profilierung der Düsenaustrittsmündung.

Die Düse mit kreisförmigem Querschnitt weist zwar, weil ihre Mantelfläche ein Minimum ist, bezüglich der Reibungsverluste die günstigsten Verhältnisse auf, sie ist aber für die Praxis recht wenig brauchbar, da der Austrittsquerschnitt fast stets ein Rechteck sein muß.

Die Überführung des Kreisquerschnitts der Düse in den quadratischen ist von Riedler-Stumpf vorgeschlagen. An den Kanten der Schnittflächen muß aber zweifellos Strahlablenkung, Dampfstoß und Wirbelung entstehen.

Es erscheint daher richtig, der Düse in ihrem ganzen Verlauf rechteckigen Querschnitt zu geben, und zwar möglichst quadratischen, da das Quadrat von allen Rechtecken den kleinsten Umfang hat.

Es soll hier, um zu einer übersichtlichen Ableitung der Gesetze der Ablenkung der Einzellamellen des Dampfstromes zu gelangen, zunächst eine Düse von konstanter Breite und variabler Höhe betrachtet werden. (Flachdüse, Fig. 41.)

Flachdüse.

Durch Versuch scheint festzustehen, daß die Tangente des Neigungswinkels je zwischen Kegelseite und Kegelachse nicht größer als $^1/_{10}$ sein soll, wenn man mit Sicherheit ein Ablösen des Strahls von der Düsenwand vermeiden will. Je länger die Düse, desto mehr Reibungsverlust wird sie verursachen, es wird also durch genauere Versuche das $\gamma_{\min}$ nun noch zu erforschen sein. Je kürzer aber die Düse, je mehr divergieren die Einzellamellen voneinander; es ist deshalb von größtem Interesse zu wissen, in welcher Weise die divergierenden Strahlen mit minimalen Innenarbeiten möglichst genau parallel gerichtet werden können. Daß dies Parallelrichten im Gebiete möglichst geringen Druckes erfolgen muß, ist einleuchtend; denkt man bei einer Flachdüse die beiden divergierenden Wände scharf geknickt, so daß die Verlängerungen parallel sind, so ist es klar, daß an diesen Knickkanten ein intensiver Dampfstoß wegen des plötzlichen Richtungswechsels stattfinden muß. Wäre die Düse nicht verlängert worden, so würde bei richtiger Dimensionierung der austretende Dampf an der Austrittsstelle den Druck *P* der Umgebung angenommen und seine Geschwindigkeit das erreichbare Maximum erreicht haben. Die zur Parallelrichtung des Strahls erforderliche Verlängerung der Düse müßte nun so beschaffen sein, daß an der Knickstelle die Mittellamelle diese Maximalgeschwindigkeit *C* behält und ihren Druck *P* nicht verändert. Der Knick der beiden divergierenden Wände ist also so auszurunden,

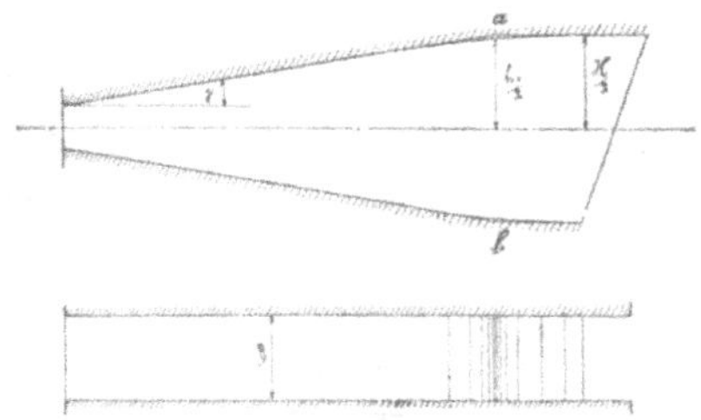

Fig. 41.

d. h. der Querschnitt an der Knickstelle bei *a b* (Fig. 41) darf nur soviel kontrahiert werden, daß erstens durch den kontrahierten Querschnitt *hB* die gleiche Dampfmenge hindurchgeht, wie durch den Querschnitt *HB* hindurchgehen würde, wenn die Düse an der weitesten Stelle abgeschnitten wäre, zweitens muß in der mittleren Lamelle die der freien Ausströmung entsprechende Geschwindigkeit *C* und der zugehörige Druck *P* erhalten bleiben.

Ermittlung der Übergangskurve.

Dieselben Kurven, welche oben als geeignet gefunden wurden zur Bestimmung der Längsprofile, sind auch hier aus demselben Grunde zu verwenden. Es soll demnach auch hier die Sinuslinie verwendet werden. Wird der Neigungswinkel der divergierenden Seitenflächen gegen die Düsenachse zu γ angenommen, so folgt daraus, daß, wenn der Knick durch eine Sinuslinie ausgeglichen werden soll, der Winkel der Endtangente dieser Kurve gegen ihre Basislinie $\frac{\gamma}{2}$ sein muß. Ist nun $\operatorname{tg}\frac{\gamma}{2} = \frac{1}{n}$, so ist hiermit die Sinuslinie charakterisiert, denn alsdann ist $R = n\,r$ (siehe die früheren Bezeichnungen). Die Basislinie der Sinuskurve hat aber die Länge von πR von Wendepunkt zu Wendepunkt gemessen.

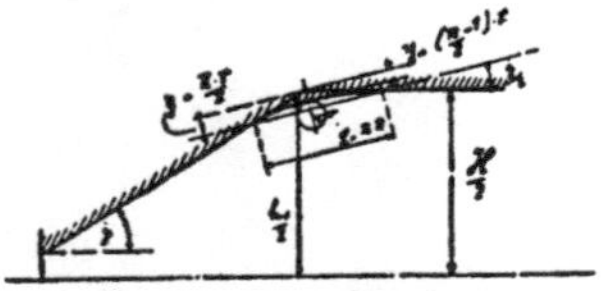

Fig. 42.

Es muß nun die Frage beantwortet werden, wie lang muß L sein, d. h. wie groß wird h, wenn obige Bedingung erfüllt sein soll. Nach früherem ist $\varrho_{\min}$ für den Scheitel der Sinuslinie $\varrho_{\min} = n R$, alsdann wird mit genügender Genauigkeit bei der geringen Neigung (Fig. 42)

$$y = \left(\frac{\pi}{2} - 1\right) r = \left(\frac{\pi}{2} - 1\right) \cdot \frac{R}{n} = \left(\frac{\pi}{2} - 1\right) \frac{L}{\pi n};$$

$$y \text{ ist aber } \cong \frac{H - h_1}{2} \text{ daher } \frac{H - h_1}{2} = \left(\frac{\pi}{2} - 1\right) \cdot \frac{L}{\pi n},$$

$$\text{daher } h_1 = H - 2\left(\frac{\pi}{2} - 1\right) \frac{L}{\pi n} \quad h_1{}^2 = H - 1{,}047\,\frac{L}{n}$$

$$\text{und } \varrho_{\min} = nR = \frac{nL}{\pi} = 0{,}3183\,\frac{L}{n} = \varrho_{\min}.$$

Jedem zu wählenden L entspricht also ein bestimmtes $\varrho_{\min}$.

Wie bei den Betrachtungen auf S. 8 muß auch hier $\frac{dm \cdot c^2}{\varrho} = dp\,dl\,B$ sein. (Fig. 43.)

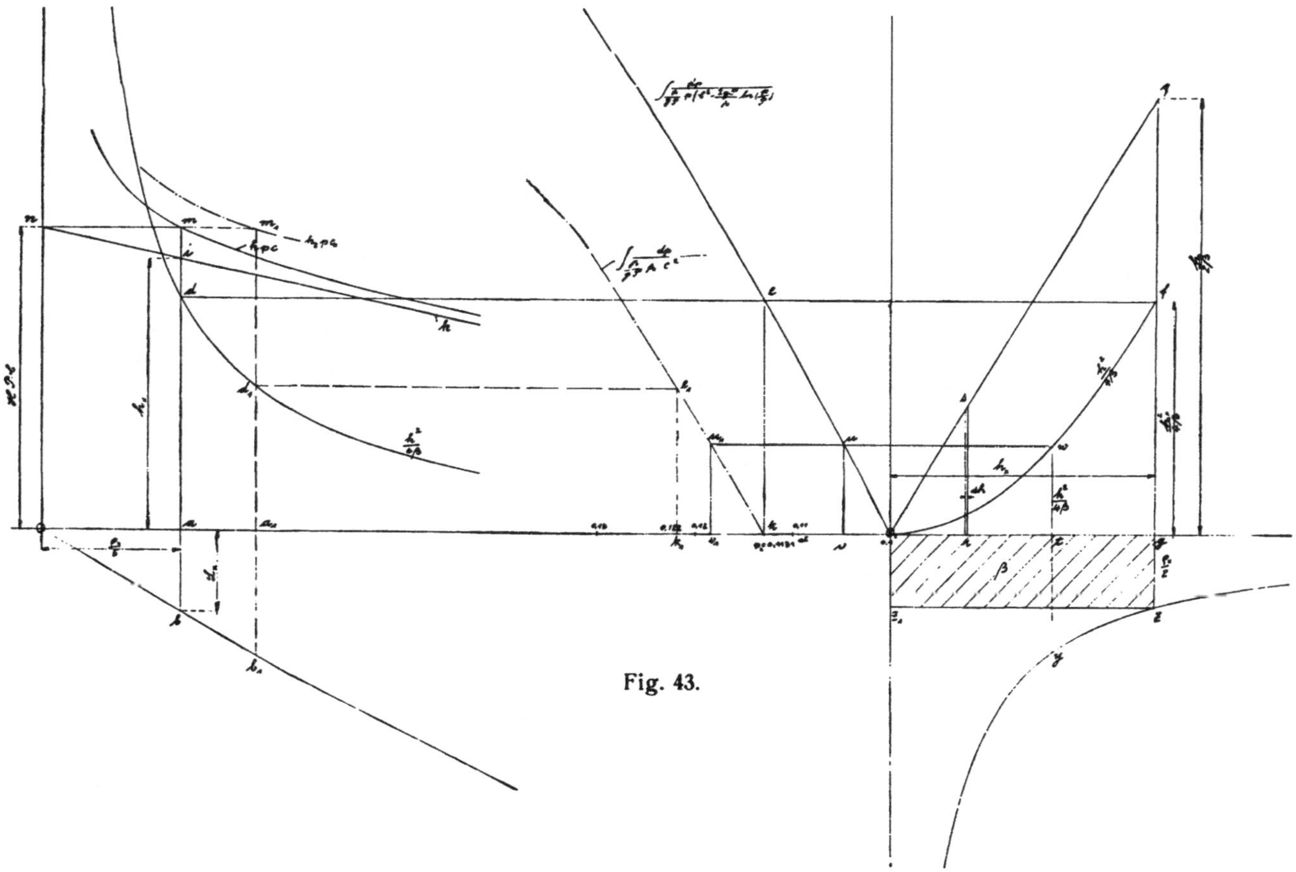

Fig. 43.

dm ist aber $= \frac{dl \cdot B dh \gamma \varrho}{g}$ und $\gamma \varrho = \frac{\gamma_0 \cdot p}{P}$

$$\frac{\gamma_0}{g} \cdot \frac{B}{P} dl\, dh p \frac{c^2}{\varrho} = dp\, dl\, B \text{ und somit}$$

$$\frac{\gamma^0}{gP} \cdot \frac{dh}{\varrho} = \frac{db}{c_2 p}; \text{ durch Integration folgt}$$

$$\int_0^{\frac{h_1}{2}} \frac{dh}{\varrho} = \frac{Pg}{\gamma_0} \int \frac{dp}{c^2 p}.$$

Das rechtsseitige Integral wird nach früherem $\left(c_2 = C^2 - \frac{2gP}{\gamma_0} \ln \frac{p}{P}\right)$ bestimmt und als Linien-Integral aufgetragen. Um übersichtliche Auftragungen zu bekommen, empfiehlt es sich, die Größen ϱ, L und h in einem graphischen Bilde zu vereinigen.

Man wähle nach Feststellung von n auf einer Abszissenachse (Fig. 43) zwei Koordinatenschnittpunkte. Von den links liegenden trage man nach rechts als Teilung der Abszissenachse die verschiedenen gewählten ϱ auf, nach unten die zugehörigen L als Ordinaten (ϱ ist der Platzersparnis wegen in $^1/_5$ d. n. Gr., L in nat. Gr. aufgetragen), als Ordinaten nach oben, die zugehörigen $h = H - 1{,}047 \frac{L}{n}$; h_1 wird für den Koordinatennullpunkt $= H$.

An den rechtsseitigen Koordinatenschnittpunkt trägt man dann nach links die Linien-Integralkurve für

$$\frac{gP}{\gamma_0} \int \frac{dp}{p \cdot \left[C^2 - \frac{2gP}{\gamma_0} \ln \left(\frac{p}{P}\right)\right]} \text{ auf.}$$

Damit ist das Gerippe für die Untersuchung geschaffen. Es fragt sich jetzt zunächst, welches h_x entspricht den gestellten Bedingungen und zweitens, wie verteilen sich Druck und Geschwindigkeit in dem Düsenquerschnitt mit der Höhe h_x.

Auch hier ist $\varrho = \frac{2\beta}{h}$, wenn $\frac{h}{2}$ die beliebig angenommene Entfernung eines Massenpunktes von der Mittellamelle ist.

Für $\frac{h}{2} = \frac{h^1}{2}$ ist $\varrho_m = \frac{2\beta}{h_1}$ und da $h_1 = H - 1{,}047 \frac{L}{n}$ und $\varrho_m = 0{,}3183 \frac{L}{n}$, so ist $\frac{2\beta}{H - 1{,}047 \frac{L}{n}} \doteq 0{,}3183 \frac{L}{n}$, also

$$\beta = \frac{L}{n^2} (0{,}159\, Hn - 0{,}1667\, L).$$

Für jedes L ist auch das zugehörige β bestimmbar.

Das linksseitige Integral $\int_0^{\frac{h^1}{2}} \frac{dh}{\varrho}$ ist nun abzubilden, und zwar unter Annahme verschiedener Werte von h^1.

Mit $\varrho = \frac{2\beta}{h_1}$ lautet das Integral $\int_0^{h_1} \frac{h\, dh}{2\beta} = \frac{h_1^2}{4\beta}$.

Berechnet man nun für eine Anzahl h_1 die Werte $\frac{h_1^2}{4\beta}$ und trägt diese als Ordinaten im linksstehenden Koordinatensystem an den zugehörigen h auf, so entsteht die in Fig. 43 mit $\frac{h^2}{4\beta}$ bezeichnete Kurve.

Die beliebige Horizontale de schneidet die $\frac{h^2}{4\beta}$ Kurve bei d und die Kurven des Integrals $\frac{Pg}{\gamma_0} \int \frac{dp}{c^2 p}$ in e; das Lot ek ergibt auf der Abszissenachse rechts den Druck p. Das nach oben bis zum Schnitt i mit der Kurve h verlängerte und nach unten bis zum

Schnitt b mit der Kurve der L verlängerte Lot da ergibt in ia die zugehörige Höhe h_1, in $0a$ das betreffende ϱ_{min} und in ab das zugehörige L.

Aus p ist aber c bekannt. Rechnet man nun für jedes h_1 das Produkt hcp aus und trägt auch diese Produkte als Ordinaten nach oben im linksseitigen Koordinatensystem auf, so ergibt das bis m verlängerte Lot am auch das zugehörige $h_1 cp$. An der Stelle, wo $HPC = h_1 pc$ wird, liegt das gesuchte h_x, und damit ist L_x und ϱ_x bestimmt.

Trägt man also die bekannte Größe $HPC = On$ im Koordinaten Null links auf und zieht die Horizontale nm, so findet man durch ein Lot von m aus nach abwärts

in ia h_x
in Oa $\frac{\varrho_x}{5}$
in ab L_x.

Eine Horizontale vom Schnittpunkt des Lots mit der $\frac{h^2}{4\beta}$ Kurve ergibt im Schnitt e mit der Druckintegralkurve dann auch das zugehörige p_x. Damit ist der erste Teil der Frage gelöst.

Druckverteilung innerhalb der Höhe h_1.

Um nun die Druckverteilung innerhalb der Höhe h_1 kennen zu lernen, ist eine Hilfskonstruktion nötig, welche rechts von dem rechtsliegenden Koordinaten Null aufgetragen ist.

Allgemein war $\int_0^h \frac{dh}{\varrho} = \frac{Pg}{\gamma_0} \int \frac{dp}{c^2 p}$ oder

$$\int_0^h \frac{h\,dh}{4\beta} = \frac{Pg}{\gamma_0} \int \frac{dp}{c^2 p}.$$

Hierin war $\varrho = \frac{2\beta}{h}$. Nimmt man in dem rechtsseitigen Teil des Koordinatensystems die Abszissenachse als Maßstab für dic h_1, macht $O_1 g = h_1$ und errichtet in g das Lot $gq = \frac{1}{\varrho_x} = \frac{h}{2\beta}$ und zieht $O_1 q$, so ist jeder Elementarstreifen von der Breite dh und der Höhe der Ordinate bis zur Linie $O_1 q$ (z. B. rs), das Abbild des Differentials dh und der Flächeninhalt des Dreiecks $O_1 rs = f = \int_0^{rs} \frac{dh}{\varrho}$.

Diese Fläche aber hat den Inhalt $\frac{h}{2\beta} \cdot \frac{h}{2} = \frac{h}{4\beta}$; man bildet also das Linienintegral, indem man jetzt als Ordinaten die Werte $\frac{h^2}{4\beta}$ aufträgt und die Endpunkte durch eine Kurve verbindet. Zieht man nun (wenn $O_1 t$ gleich einem angenommenen h ist) den Linienzug $twuv$, so ergibt $O_1 v$ das betreffende p. Um das angenommene Gesetz der Radiusveränderung zu veranschaulichen, trägt man nun noch in g (d. h. an dem Endpunkte von h_x) das zugehörige $\frac{\varrho_{x\,\min}}{2}$ nach unten hin $= gz$ auf und verzeichnet die Hyperbel zy, so stellt die Fläche $O_1 gzz_1$ die Größe β dar; verlängert man wt, so findet sich in ty das zu $h = O_1 t$ gehörige ϱ.

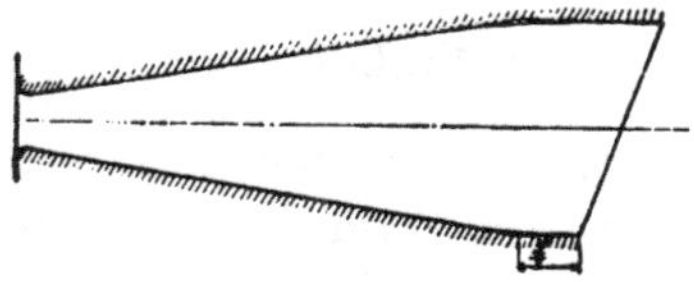

Fig. 44.

Sucht man nun für eine beliebige Zahl Zwischenwerte von h_1 die zugehörigen p und trägt diese mit den entsprechenden c multipliziert als Ordinaten auf

h_1 auf, so bekommt man ein Bild von der Druckverteilung in dem Düsenquerschnitt von der Höhe h_x. Die Düse kann nun verzeichnet werden, ihre Verlängerung über den Kreis hinaus ist $\sim \frac{L}{2}$. (Fig. 44.)

Düse mit quadratischem Querschnitt.

Eine Flachdüse für etwa 9,5 Atm. abs. vor der Düse und 0,1 Atm. hinter derselben würde, wie bekannt, ein Verhältnis des weitesten zum engsten Querschnitt = 12 haben müssen. Sollte nun die Austrittsöffnung 12 × 12 mm sein, so würde die Eintrittsöffnung nur 1 × 12 mm sein dürfen. Abgesehen von der peinlichen Genauigkeit, mit welcher solche Düse hergestellt werden müßte ($^1/_{10}$ mm in der Tiefe ergibt schon 10 v. H. Fehler), ist der Umfang des Querschnittes an der engsten Stelle = 26 mm, während die Düse mit quadratischen Querschnitten an der engsten Stelle 3,46 × 3,46 mm bekommen und somit nur 13,84 mm, d. h. die Hälfte Umfang haben würde.

Die Reibung und die Gefahr von Stromstößen ist also zweifellos bei der Flachdüse größer als in der Quadratdüse.

Der Winkel $\gamma \left(\text{tg} = \frac{1}{10}\right)$ gab für die Kreis- und die Flachdüse das Maß der zulässigen Divergenz der äußersten Dampffäden. Der am meisten abgelenkte Dampffaden folgt in der Quadratdüse den Schnittkanten der Seitenflächen. Es muß also der Winkel γ als Maximum für diesen Eckfaden angenommen und daraus die Neigung der Seitenflächen bestimmt werden. In Fig. 45 ist $b\,g = \sqrt{2} \cdot (g\,f)$ und da $g\,f = \frac{H - H_0}{2}$, so wird $\text{tg}\,\gamma = \frac{H - H_0}{21}\sqrt{2}$, wenn H die

Seite des größten, H_0 die Seite des kleinsten Querschnittes und l die Länge der Düse ist. Nennt man nun den Neigungswinkel der Seiten gegen die Düsenachse δ, so ist $\operatorname{tg} \delta = \frac{H - h}{2l}$.

Es wird also $\frac{\operatorname{tg} \delta}{\operatorname{tg} \gamma} = \frac{1}{\sqrt{2}}$ oder $\operatorname{tg} \delta \sim 0{,}7 \operatorname{tg} \gamma$.

Für $\operatorname{tg} \gamma = \frac{1}{10}$ ist $\operatorname{tg} \delta \sim \frac{1}{14}$.

Wird nun für die Ausrundung des Knicks in der Wandung der Quadratdüse dieselbe Rechnung angestellt, wie sie für die Flachdüse vorgenommen wurde, so ergibt sich ohne weiteres, daß die Druck-

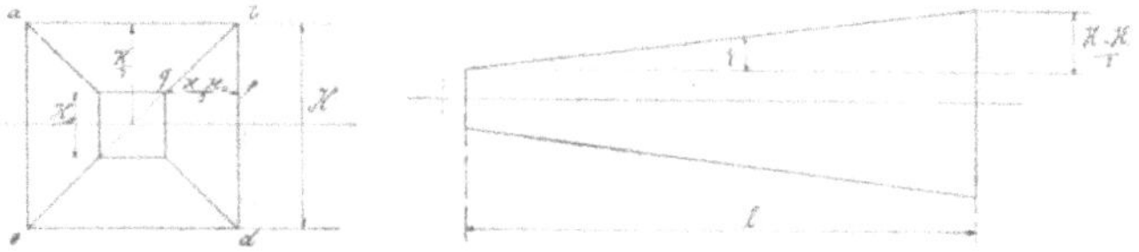

Fig. 45.

verteilung, wie sie in der Flachdüse in allen die geneigten Wände verbindenden Einzellamellen vorhanden war, in der Quadratdüse nur in den beiden der Seitenwände berühren, da nur der Mittelfaden Einzellamellen vorhanden ist, welche die Mittellinie nicht von den Zentrifugaleinflüssen berührt wird.

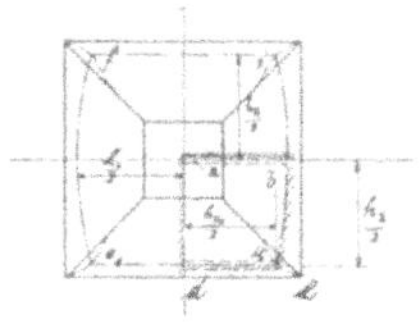

Fig. 46.

Es steigt in ihnen also von a bis b (Fig. 46) gleiches γ_0 und gleiches n vorausgesetzt) der Druck nach demselben Gesetz von P auf p_x. Die Elementarlamelle aber, welche bei de an der Düsenwand vorbeigeht, hat in ihrer Mitte bei d bereits den Druck p_x.

Dieser Druck p_x steigert sich nun unter dem Einfluß der Ablenkung durch eine Knickausrundung bei C von p_x auf p_{x1}. Die Lamelle ad muß genau wie eine Lamelle der Flachdüse von H auf h_x eingezogen werden, da sie, wenn ihre Dicke dh, ihr Querschnitt $h_x dh$, bezüglich der durchzulassenden Dampfmenge mit der entsprechenden Öffnung Hdh gleichwertig sein muß; die Lamelle de muß also, da ihre Innendrücke größer sind, noch mehr, d. h. auf h_{x1} verkürzt, d. h. das Profil in der Ecke der Düse muß noch mehr eingezogen werden. Aus weiter unten zu erörternden Gründen soll der Querschnitt der Düse so bestimmt werden, daß zwei gegenüberliegende Seiten gerade Linien im Abstande h_x bleiben, während die beiden andern den Zentrifugaldrucken entsprechend profiliert werden sollen. (Fig. 47.)

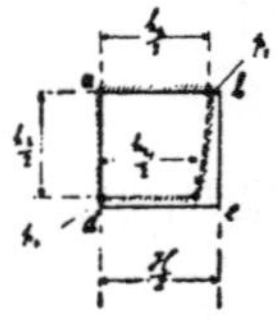
Fig. 47.

Die Rechnung zur Bestimmung der Höhe h_{x1} der Lamelle de ist genau dieselbe, wie sie für die Flachdüse verwendet wurde. Nur wird P zu p_x, C zu c_x, γ_0 zu γ_x.

Es wird die Geschwindigkeit bei c demnach

$$c_{x_1}^2 = c_x^2 - \frac{2gp_x}{\gamma_x} \ln\left(\frac{p_{x1}}{p}\right) \text{ und da } \gamma_x = \gamma_0 \frac{p_x}{P}$$

$$c_{x1}^2 = c_x^2 - 2g\frac{P}{\gamma_0} \ln\frac{p_{x1}}{p_x},$$

ferner

$$\int_0^{h_{x1}} \frac{dh}{\varrho} = \frac{gP}{\gamma_0} \int_{p_x}^{p_{x1}} \frac{dp}{c^2 p}$$

Verzeichnet man also in Fig. 43 von p^x aus das neue Druckintegral $\frac{gP}{\gamma_0}\int_{p_x}^{p_{x1}} \frac{dp}{c^2 p}$, so folgt für jedes links aufgetragene h ein anderes p, also auch ein anderes

hcp. Es entsteht also links eine neue h_2pc_1 Kurve. Die Kurven für L, h und $\frac{h^2}{4\beta}$ bleiben gültig. Die h_2pc_1 Kurve wird von der durch den Endpunkt n der Strecke $on = HPC$ gezogenen Horizontale in m_1 geschnitten. Das Lot $m_1 d_1 a_1 b_1$, der Horizontalzug $d_1 e_1$ nach der neuen Druckintegralkurve und endlich Lot $e_1 k_1$ ergeben in $c_1 k_1$ p_{x1}, in $O a_1$ ϱ_{x1}, in $a_1 b_1$ L_{x1}; da ferner die Düse quadratisch ist, wird β für die Krümmung zweier aneinander stoßenden Flächen der Düse gleich. Die Bestimmung des Drucks in den Zwischenpunkten der Lamelle de wird genau so vorgenommen wie vorher, nur werden die Horizontalen wu bis zum Schnitte u_1 mit der neuen Druckintegralkurve gezogen und ergeben in dem Zug $u_1 v_1$ in $o_1 v_1$ die Zwischendrücke. In derselben Weise können nun noch einige zwischen a und d liegende Lamellen untersucht werden. Ein Schnitt durch die Düse in dem Scheitel der ausrundenden Sinuskurven erhält für ein Viertel des Querschnitts die durch Schraffur angedeutete Form $a b_1 c_1 d$. (Fig. 47.)

Man verzeichnet nun die Düse für den vierfachen verlangten Querschnitt, d. h. mit den doppelten Höhen und Breiten und benutzt dann nur ein Viertel des gezeichneten Querschnittes. Durch diese Maßnahmen bleiben zwei Seitenflächen ab und ad Ebenen, was die Herstellung erleichtert und, wie weiter unten gezeigt werden wird, außerdem den Vorteil bietet, daß die Reibungsarbeit ein Minimum wird.

Die Düsen werden in den Mantel eines Zylinders so eingefräst, bzw. abgehobelt, daß die Düsenfläche, welche durch die Schnittlinie OM angedeutet ist (Fig. 48, 49), durch den Zylindermantel bzw. einen über denselben geschobenen Ring gebildet wird. Wegen der Größe des Radius dieses Zylinders kann der die Düsenwand bildende Flächenteil als Ebene angesehen werden. Ähnlich, wie dies bei den Schaufeln ausgeführt wurde, sollte auch hier aus Herstellungsrücksichten $h \geqq \frac{H}{3}$ sein, um mit drei Frässchnitten auskommen zu können. Wenn also $\left(\frac{H}{h}\right)^2 > 9$ ist, muß

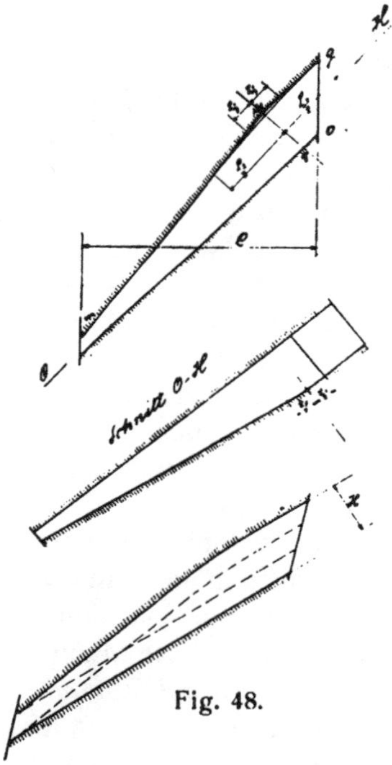

Fig. 48.

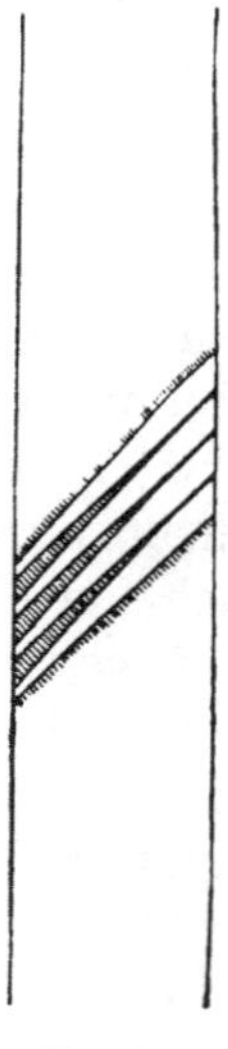

Fig. 49.

die quadratische Form des Querschnittes durch ein flacheres Rechteck ersetzt werden.

Wie aus Fig. 43 hervorgeht, entspricht der Ausrundung des Knicks am Düsenboden ein größeres ϱ und ein größeres L, wie dies in Fig. 50 angedeutet ist. Der Scheitel beider Ausrundungskurven liegt in der Linie uv des Knicks. Da nun die Sinuskurve zur Ausrundung des Bodenknicks ein $L_2 > L_1$ hat, so muß $u\,q$ naturgemäß mindestens um $\frac{L_2 - L_1}{2}$ länger sein als $v\,o$, was der Form der Düse bzw. ihrer Schräglage entspricht. Zu beachten ist ferner, daß am Boden die Strecke $o_1\,q_1$, wenigstens zum Teil zur Parallelrichtung des Strahls nutzbar verwendet wird. Würde die Düse beiderseitig kontrahiert sein, so würde sie wesentlich länger und in der Herstellung schwieriger sein, auch naturgemäß größere Reibungsverluste ergeben.

Praktisch ist das doppelt gekrümmte Seitenprofil recht gut anzunähern (Fig. 50). Zieht man die Scheiteltangente der inneren Sinuskurve (Boden-

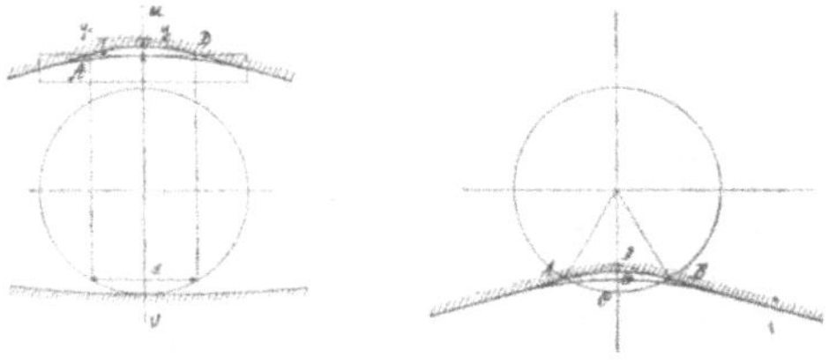

Fig. 50.

kurve) bis zum Schnitt mit der äußeren oberen Sinuskurve und läßt nun die Endpunkte AB dieser Sehne der oberen Sinuskurve auf derselben gleiten, so umhüllt dieselbe eine Kurve, welche die untere Sinuskurve genügend genau annähert. (Fig. 50.) Trägt man nun in derselben Figur DC gleich h_x (gleich der Düsentiefe) ab und schlägt durch AC und B einen Kreis, so ist der Durchmesser dieses Kreises gleich dem eines seitlich und am Umfange verzahnten Fräsers, mit welchem man die Düsenform recht genau herzustellen imstande ist, wenn man durch Kurvenschub den Fräser so führt, daß seine Kreissehne in der Eintauchtiefe gemessen ebenso geführt wird, wie die Scheiteltangente der unteren Sinuskurve mit ihren Endpunkten auf der oberen Sinuskurve geführt wurde, was ja mit jeder Kopierfräsmaschine leicht gemacht werden kann.

Entwurf der Freistrahlgrenzturbine unter Benutzung der oben gefundenen Ergebnisse.

Um nun auf Grund der so erkannten Gesetze der Druck- und Geschwindigkeitsverteilung in Düsen und Schaufeln zu einer einwandfreien Konstruktion der Freistrahlgrenzturbine zu kommen, müßten die Reibungsgesetze genauer als bisher erforscht werden. Ich halte aus Schlüssen teils theoretischer, teils praktischer Art die Schätzungen, die Stodola in seinen geistvollen Arbeiten gibt, für viel zu hoch, um so mehr, als die Versuche Gutermuths und Delaportes wesentlich niedrigere Werte ergeben.

Weitere Versuche über Reibungsverluste würden außerordentlich nützlich sein. Vielleicht führen dieselben zur Ermittlung der wirklichen Arbeitsgröße der Schaufeln in der Art, wie sie in Fig. 32 graphisch behandelt sind, am schnellsten zum Ziel. Ich glaube, allerdings ohne Beweis, annehmen zu dürfen, daß für Freistrahlgrenzturbinen, wenn deren Innendrücke nicht zu hoch gehalten werden, die Geschwindigkeitsverluste durch Reibung etwa den Geschwindigkeiten selbst proportional sein werden. Zu den weiteren Ermittlungen soll der Geschwindigkeitsverlust zu etwa 4 v. H. angenommen werden.

Die allgemeinen Bedingungen, aus denen die Konstruktion der dampf- und finanz-ökonomisch besten Turbinen hervorgeht, nämlich möglichst geringe Reibung, möglichst vollständige Vermeidung von Wirbelungen, von Stoß- und Spaltverlusten durch Streuung und Überdruck, haben die Grundlagen für obige Untersuchung gebildet. Es sind nun noch die auf die Preisbildung einwirkenden Faktoren zu berücksichtigen. Die Drehzahl der Turbinen ist leider durch die zum Standard gewordene Wechselzahl der Drehstromgeneratoren so ungünstig festgelegt, daß die Turbinen den großen Sprung von 3000 auf 1500 Uml./min mitmachen müssen. Hierin aber liegt für den Konstrukteur eine recht unbequeme Beschränkung.

Die genialen Konstruktionen de Lavals und die (vielleicht übermäßig) kühnen Riedlers haben gezeigt, daß man mit den Umfangsgeschwindigkeiten der

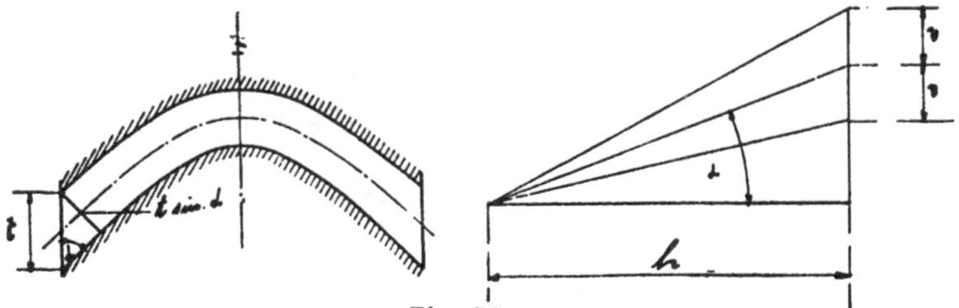

Fig. 51.

Räder recht hoch gehen darf. Dennoch erscheint es rätlich, über 120 bis 150 m/sek nicht ohne Not hinaus zu gehen. Liegt aber die Umfangsgeschwindigkeit v fest und ist die Austrittsgeschwindigkeit des Dampfes aus den Düsen mit 1000 bis 1200 m/sek gegeben, dann kann der Eintrittswinkel der Schaufeln eine erhebliche Rolle nicht mehr spielen, da selbst, wenn, wie im Peltonrad, der Eintrittswinkel nahezu Null wird, pro Schaufelung höchstens ein Geschwindigkeitsverlust in der Größe von $2\,v$ erreicht werden kann.

Hat aber die Anfangstangente des Rades einen Neigungswinkel $= \alpha$ gegen die Radebene und ist die Schaufelteilung $= t$, so ist, wenn die Schaufelspitzendicke $= o$ angenommen wird (Fig. 51), die Schaufeltiefe $B = t \sin \alpha$. Ist ferner die Anzahl der Schaufeln $= n$, die Schaufelhöhe $= h$ und das Maß der möglichen Arbeitsleistung $= L$, so ist, wenn ε eine Proportionalitätskonstante ist:

$$nt \sin \alpha \cdot h = \varepsilon L \text{ und da } tn = D\pi \text{ auch}$$
$$\varepsilon L = hD\pi \sin \alpha.$$

D ist aber ebenso wie h konstruktiv begrenzt, so daß, wenn h und D fest gegeben sind,

$$\varepsilon_1 L = \sin \alpha \text{ wird,}$$

d. h. die Wahl kleiner Tangentenwinkel vermindert die Leistung einer Turbine bei gleichen Konstruktionsmitteln in hohem Maße. Die minimalen Krümmungsradien der Schaufeln sind bei obigen Konstruktionen aber abhängig von der Schaufellängsprofillänge. Je größer letztere wird, desto größer wird, ceteris paribus, vermutlich auch der Reibungsverlust werden.

Es erscheint die Wahl des Tangentenwinkels der Schaufeln mit 45° die richtige zu sein.

Die Teilung t und damit die Schaufelzahl ist auf den Herstellungspreis pro Leistungseinheit ebenfalls von Einfluß, im ersten Rade muß, um die Innendrücke nicht zu hoch zu erhalten, die Teilung, wie oben berechnet, ziemlich klein sein, für die folgenden Räder und Leitsysteme kann sie wegen der geringeren Geschwindigkeiten des Dampfes mit Rücksicht auf den zu erzielenden Minderpreis ohne Schaden etwas vergrößert werden. Für den Herstellungswert ist ferner die Anzahl der verwendeten Schaufelungen (Räder und Leitkränze) bestimmend. Je größer die Geschwindigkeitsstufen sein können, desto kleiner wird die Anzahl N der Systeme werden, desto billiger auch der Preis. Auch hier erscheint nach schätzungsweiser Abwägung der Einwirkung von α, D, v, H, N;

$\alpha = 85^0$, $v = 120$ bis 150 m/sek, $h = 12$ mm (ev. 24 mm und 36 mm bei Doppel- und Dreifachprofilen) die geldlich und dampfökonomisch günstigsten Konstruktionen zu ergeben.

Auf Grund dieser Schätzungen, die allerdings zunächst auf subjektiven und unbewiesenen Anschauungen beruhen, soll nun die allgemeine Disposition einer Turbine hergeleitet werden.

Das Eingehen auf die Einzelheiten der Konstruktionen würde hier zu weit führen. Man rechnet zunächst die Austrittsgeschwindigkeiten aus den Düsen $= c_d$ (abzüglich 7 v. H. Verlust) und bestimmt nun unter der Annahme bestimmter Eintrittswinkel und Austrittswinkel für die sämtlichen Laufräder die relativen und absoluten Geschwindigkeiten in den Laufrädern sowie die absoluten Geschwindigkeiten in den Spalten und am Austritt aus dem letzten Rade in der bekannten Weise. Es empfiehlt sich für jede Schaufelung 2—3 v. H. Geschwindigkeitsverluste anzunehmen.

Für den Fall, daß die Eintritts- und Austrittswinkel der Laufräderschaufeln $= 45^0$, die Schnittwinkel β der Endtangenten der Längsprofile also $= 90^0$ sein sollen, läßt sich erreichen, daß die Winkel β auch für die sämtlichen Leitschaufeln $= 90^0$ werden, was für die Vereinfachung der Herstellung natürlich von größtem Wert ist, da dann alle Längsprofile gleich werden. Alsdann empfiehlt sich die Bestimmung der sämtlichen Geschwindigkeiten nach der in Tafel III dargestellten Methode. Ziehe *OA* unter dem $\sphericalangle$ von 45^0 gegen die Horizontale, ziehe in *BAC* senkrecht und mache $AB = AC =$ (hier $= 120$ m) der Radumfangsgeschwindigkeit, schlage mit dem Radius $= C_d$ (hier $= 1120$ m) um *B* einen Kreisbogen, welcher *OA* in *O* schneidet, so ist *OB* die relative Geschwindigkeit beim Eintritt in die

Schaufeln des ersten Rades nach Größe und Richtung, wenn Richtung *BAC* die Radebene darstellt. Multipliziert man nun *OA* mit 0,98 und trägt dieses Maß *OD* von *O* aus ab, so ist *OD* die relative Austrittsgeschwindigkeit aus der ersten Laufradschaufel (gleich der Eintrittsgeschwindigkeit *OA* — 2 v. H. Geschwindigkeitsverlust durch Reibung), schlägt um *O* mit *OD* einen Kreisbogen *DE*, so ist *DOE* ein Hilfswinkel, durch welchen sich sämtliche Geschwindigkeitsverluste in den einzelnen Schaufelungen leicht graphisch ermitteln lassen. Man zieht ferner durch *B* und *C* Parallele zu *AO*, *BG* und *GF*. Zieht man *DH* rechtwinklig zu *OD*, und *HI* lotrecht $= AC$, so ist *ID* die absolute Austrittsgeschwindigkeit aus der ersten Schaufel nach Größe und Richtung. Zieht man *KO*, so ist, da $\triangle\, DIH$ kongruent $\triangle\, OKD$, $Ok = DI$ und macht man $\sphericalangle\, KOH = \sphericalangle\, HOL$, so ist $OL \parallel DI$. Die absolute Eintrittsgeschwindigkeit aus dem zweiten Rade ist aber gleich der Eintrittsgeschwindigkeit in die erste Leitschaufel. Sie ist im Diagramm der Größe nach $= OK$, ihre Richtung ist der Strahl *OL*. In der Leitschaufel verliert *Ok* wieder 2 v. H. Schlägt man um *O* den Kreisbogen KV_1, zieht V_1P lotrecht und *PQ* als Kreis um *O*, so ist $OQ = Ok \times 0{,}98$. *OQ* ist aber auch die Richtung des aus der ersten Leitschaufel austretenden Strahls, wenn $\sphericalangle\, QOL =$ dem Schnittwinkel der Endtangenten der Leitschaufel $= 90^0$ ist, das ist aber der Fall. Ziehe nun lotrecht $QS = AB$, so ist *SO* nach Größe und Richtung die relative Eintrittsgeschwindigkeit in die Schaufel des zweiten Rades. Durch den Zug *SRT* wird *OT* der Größe nach $= OS \times 0{,}98 =$ der relativen Austrittsgeschwindigkeit aus dem dritten Rade. Ziehe dann *TU* lotrecht $= AC$ und mache $\sphericalangle\, UOH = \sphericalangle\, HOM$, so ist *UO* der Größe nach die

Eintrittsgeschwindigkeit des Dampfes in die zweite Leitschaufel, Strahl *OM* gibt seine Richtung, d. h. die Richtung der Anfangstangente des zweiten Leitrades usf.

Zur Verzeichnung der Schaufellängen beginnend mit dem verzeichneten Profil *abc*, ziehe $pa \parallel OE$, $cd \parallel OL$, verzeichne das durch die Richtung *cd* festgelegte Profil des ersten Leitrades, ziehe *ef* unter 45^0, verzeichne das Längsprofil von Laufrad II usf., wobei nur zu beachten ist, daß $gh \parallel OM$ und $lm \parallel ON$ sein muß; *op OW* ist die Richtung des Dampfes beim Austritt, wenn $\sphericalangle\, WOH = \sphericalangle\, HOW$ gemacht wird.

Die Mittelkurven der Längenprofile liegen jetzt fest, es ist nunmehr für die Leitschaufeln die Breite *B* am Eintritt und am Austritt festzustellen, um darnach die Höhe *H* am Ein- bzw. Austritt rechnen zu können.

Im Früheren wurde der Geschwindigkeitsverlust in den Schaufeln nicht berücksichtigt. Soll nun *B* in den Laufradschaufeln konstant bleiben, so muß, wenn der Dampfstrahl in der Schaufel 2 v. H. Geschwindigkeitsverlust erleidet, die Höhe *H* des Schaufelprofils vom Eintritt an allmählich bis zum Austritt um 2 v. H. erhöht werden, so daß H_a am Austritt gleich $\frac{H_e}{0{,}98}$ ist, wenn H_e die Höhe des Profils an der Eintrittsstelle des Dampfes bezeichnet.

Wird nun angenommen, die Schaufelteilung *t* sei für alle Räder konstant, so muß in den Leitschaufeln, welche ja verschiedene Eintrittswinkel α und Austrittswinkel ε haben, die Schaufeltiefe B_e am Eintritt $= t \sin \alpha$, am Austritt $= B_a = t \sin \varepsilon$ sein, da nun die Eintrittsgeschwindigkeit c_e und Austrittsgeschwindigkeit c_a bekannt sind, so muß ferner $t \cdot \sin \alpha \cdot H_{e1}\, c_e = HCB$ und $t \cdot \sin \varepsilon\, H_a\, c_a = HCB$ sein, wenn mit H_{e1} die Profilhöhe beim Eintritt, mit H_a die Profilhöhe beim

Austritt bezeichnet wird (*HCB* sind die früheren Bezeichnungen für das erste Laufrad). Trägt man in jeder Leitschaufel am Ende und am Anfang des Längsprofils die so gefundenen Breiten B_e und B_a symmetrisch zur Mittellinie auf, so kann, unter sinngemäßer Anwendung der früher dargelegten Methode, zur Verzeichnung des Längsprofils diese bestimmt und sodann die Querprofile eingetragen werden.

Schaubild der Geschwindigkeits- und Temperaturvorgänge in der Turbine.

Um zu einem anschaulichen Bilde der Geschwindigkeits- und Temperaturvorgänge in der gesamten Turbine zu gelangen, ist es wünschenswert, in einem Diagramm skizzenhaft die aus den früheren Betrachtungen und Rechnungen gewonnenen Resultate zusammenzustellen. Dieses Bild wird am übersichtlichsten, wenn man als Abszissenachse die Zeit T wählt.

Aus Fig. 36 ist die Geschwindigkeitszunahme in der Düse, aus den früheren Untersuchungen die Kompression und Expansion in den Schaufeln und die diesen Druckänderungen entsprechenden Geschwindigkeitsänderungen bekannt.

In den Leitschaufeln ist die Anfangs- und Endgeschwindigkeit nur um den durch Reibung verursachten kleinen Betrag verschieden, dieser Geschwindigkeitsverlust aber wird hier wie in den Laufradschaufeln zum großen Teil durch Volumvergrößerung ausgeglichen, natürlich nur bezüglich der Arbeit. Bei der Dimensionierung der Schaufelquerprofile müssen allerdings diese Vorgänge berücksichtigt werden, da beide eine Querschnittvergrößerung d. h. am besten eine radiale Erweiterung des Profils bedingen. In den Laufradschaufeln differiert die Anfangs- und Endgeschwindigkeit um den Betrag des Reibungsverlustes und um die Geschwindigkeitsgröße, welche der abgegebenen Arbeit entspricht.

Trägt man nun die Geschwindigkeiten in Düsen und Schaufeln auf der die Zeit darstellenden Abszissenachse als Ordinaten auf, so entsteht das Geschwindigkeitsdiagramm Fig. 53.

$\overline{am}$ ist die Düsenlänge, $\overline{mf}$ die sinoidale Verlängerung derselben zum Zweck der Parallelrichtung der Strahllamellen, I, II, III und IV die Laufrad-, 1, 2 und 3 die Leitschaufelgebiete.

In der Düse steigt die Geschwindigkeit von *o* auf ihr Maximum bei *c*, sie sinkt dann kraftabgebend in Gebiet I bis *d* (zunächst ohne Berücksichtigung der Reibung und Kompression resp. Expansion), bleibt von *d* bis *e* in Leitschaufel 1 konstant, sinkt in II bis *n* und so fort bis zum Austritt aus dem letzten Laufrad. Die Zeitintervalle nehmen entsprechend den in I, II, III und IV abnehmenden Geschwindigkeiten entsprechend zu, die Kurventeile *cd*, *en* etc. wären Teile einer Hyperbel, wenn die Verzögerung konstant wäre, infolge der rationellen Wahl der Schaufellängsprofile werden diese Kurvenstücke zu sinoidenartigen Zügen, welche die hyperbolische Grundform schneidend an die horizontalen Strecken 1, 2 und 3 ohne Knick, d. h. stoßfrei anschließen; die obere Begrenzungskurve zeigt für die äußersten Strahllamellen eine Wellenlinie *fg g h*, die dem Sinken der Geschwindigkeit während der Kompression und dem Wiederansteigen derselben während der Expansion entspricht; für die innersten Lamellen bleibt die Geschwindigkeit konstant und wird durch die Gerade *fi* dargestellt. Die Linie *c d e n* ergibt die Verschiebung der unteren Grenze durch den Reibungsverlust.

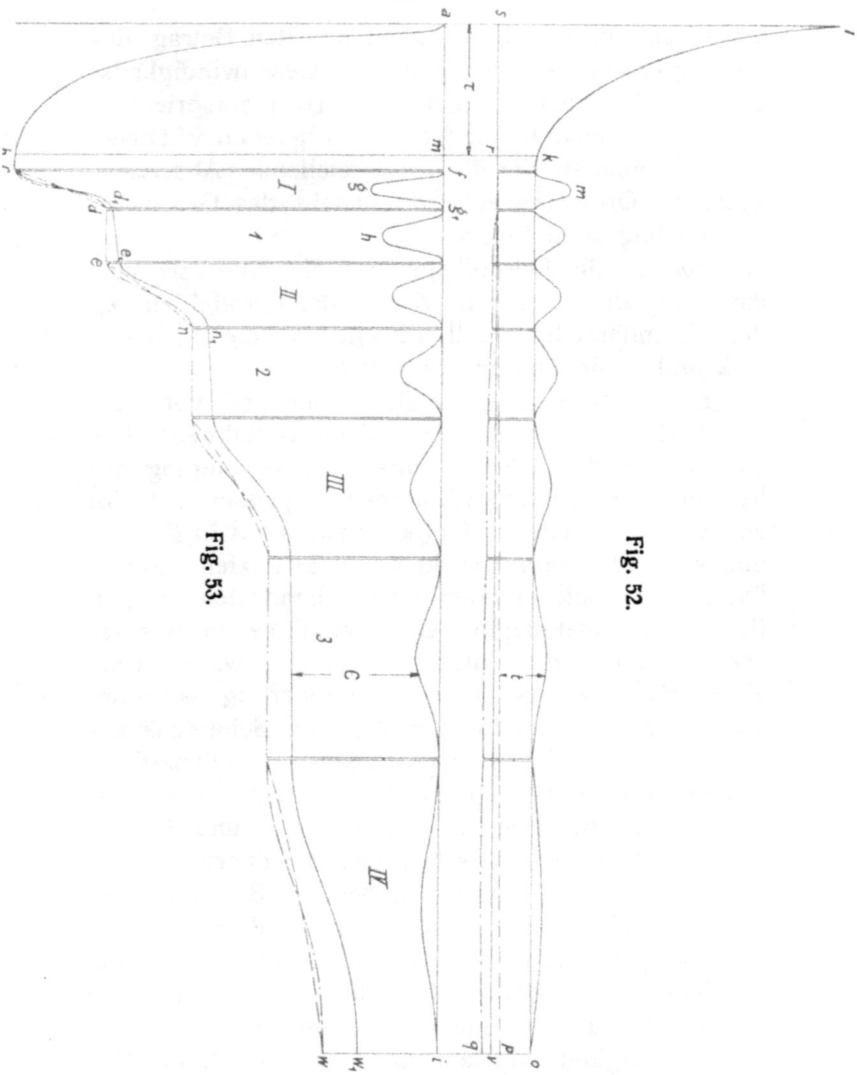

Das in Fig. 52 gezeichnete Temperaturdiagramm ist ohne weiteres verständlich; in der Wellenlinie entspricht der Kompression eine Temperatursteigerung, der Expansion ein Temperaturabfall. Die Linie *rp* ergibt den Temperaturverlust durch Strahlung und Leitung, die Horizontale *rv* entspricht der Adiabate, die Linie *rq* einer Wärmezuführung durch die Leitschaufeln durch einen Dampfmantel, der angeordnet werden kann, um Leitungsverlust zu vermeiden und den Dampf vor Innenkondensation zu schützen.

Thermische Vorgänge in der Turbine.

Zur Untersuchung der thermodynamischen Vorgänge in der Turbine bedient man sich am besten des Entropiediagramms (Fig. 54). Bekanntlich ist, wenn T_0 die Anfangstemperatur des Wassers, T_1 die Temperatur der Verdampfung unter dem Druck p, T_2 die Überhitzungstemperatur (sämtlich absolut), L die Dampfwärme, q die Dampfnässe, Q die Wärmemenge in WE und $\varkappa$ einen Koeffizienten $= 0{,}48$ bedeutet die Entropie ϕ.

$$\phi = \int_{T_0}^{T_1} \frac{dh}{dt} + \frac{q_1 L_1}{T_1} + \varkappa \int_{T_1}^{T_2} \frac{dT}{T}$$

und $d\phi = \frac{dQ}{T}$, also $T \cdot d\phi = dQ$.

Wird nun in einem Koordinatensystem auf ϕ als Abszisse, T als Ordinate eingetragen, so ist der Elementarstreifen $d\phi \cdot T = dQ$, d. h. gleich dem Wärmeelement Fig. 54 und die Fläche $efgh =$ der Wärmemenge $\int_{T_1}^{T_1'} T d\phi$.

Sind nun die Kurven für Wasser und Dampf (Grenzkurve für den Sättigungszustand *f e c*) verzeichnet, so verläuft ein adiabatischer in *f* beginnender Expansionsprozeß, weil für diesen $\frac{dQ}{T} = 0$, also $\phi =$ konst. ist auf der Ordinate, d. h. auf der Isentrope; der Druck sinkt, das Volum und der Wassergehalt nimmt zu. Endigt der Prozeß in b, so ist der Quotient der Strecken $\frac{\overline{ab}}{\overline{ac}} = q =$ dem Quotienten der Dampfnässe. Wird dagegen vor Beginn der

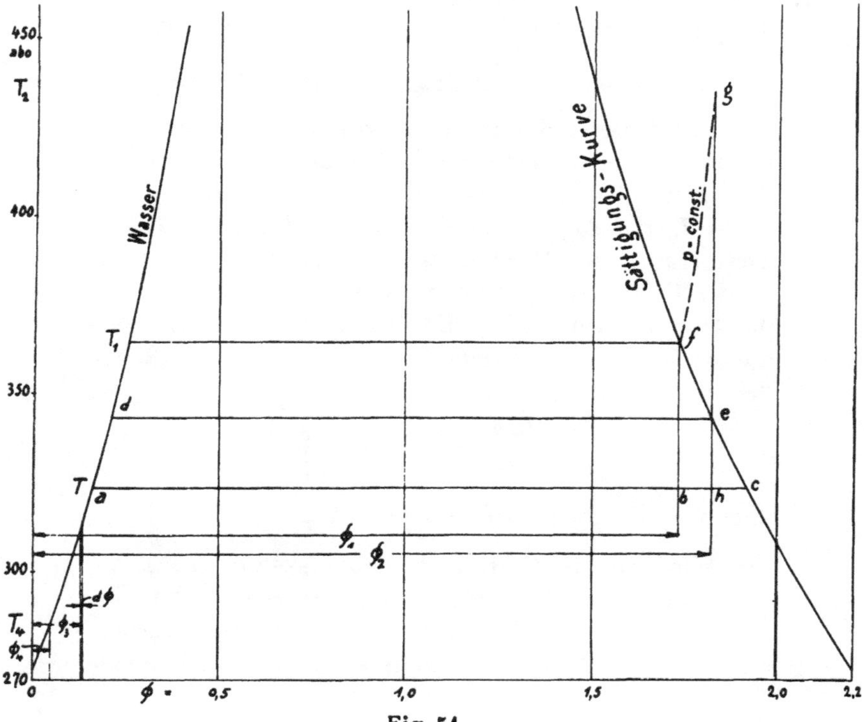

Fig. 54.

Expansion dem Dampf Wärme zugeführt, so daß seine Temperatur bei konstantem Druck von T_1 auf T_2 steigt, so wächst seine Entropie um $\varkappa \cdot \int_{T_1}^{T_2} dT =$ $0{,}48 \ln \frac{T_2}{T_1}$ von ϕ_1 auf ϕ, die zugeführte Wärmemenge ist gleich der Fläche $ifg\varkappa$. Beginnt nun in g (dem diesem Zustand am Ende der Überhitzung entsprechenden Punkt) eine adiabatische Expansion, so verläuft diese lotrecht auf der der Entropie ϕ_2 entsprechenden Isentrope ge; da, wo diese die Grenzkurve schneidet, ist die Sättigung erreicht ($q = 1$), bei weiterem Sinken tritt Naßwerden des Dampfes ein, bis bei h $q = \frac{\overline{ah}}{\overline{ac}}$ wird. Das Volum hat sich vergrößert, die Arbeitsleistung ist gestiegen, der Wassergehalt $1 - q$ ist geringer geworden.

Legen wir nun, um an einem Beispiel die thermischen Vorgänge zu verfolgen, die Überhitzungstemperatur vor Eintritt in die Turbine mit 390° C, die Eintrittsspannung mit 10 Atm. absolut und die Endspannung mit 0,1 Atm. absolut fest und benutzen zur Untersuchung die Entropietafel von Stodola[1]), so kann der Vorgang in den Schaufeln zunächst ohne Berücksichtigung von Reibung und Wärmezuführung während des Prozesses verfolgt werden. Beim Verlassen der Düse ist der Dampfdruck auf 0,1 gesunken, der Punkt, welcher den Vorgangdarstellt, befindet sich (reine Adiabate vorausgesetzt) bei B, während der Ausgangspunkt des Prozesses in der Düse A lag. In der ersten Laufradschaufel findet eine adiabatische Kompression auf 0,39 Atm. statt. Der Punkt B steigt bis B_1 und sinkt bei der nun folgenden Expansion wieder bis B herunter, wo er beim Austritt aus der Schaufel anlangt. Dieser Vorgang wiederholt sich in den folgenden Leit- und Laufschaufeln mit dem einzigen Unterschied, daß die Steighöhe, den geringeren Kompressionsgrößen entsprechend, geringer wird. Während des Steigens durchschneidet der

[1]) Z. B. in dem Buch: Die Dampfturbinen. Von Wilh. H. Eyermann. München 1906, R. Oldenbourg. Preis 8 M.

Zustandspunkt die Kurven der spezifischen Dampfmenge und die Temperaturlinie, d. h. während der Kompression wird der Dampf trockener und wärmer, um beim Zurücksinken während der Expansion den umgekehrten Einflüssen zu unterliegen.

Tritt nun während des Vorgangs ein Wärmeverlust ein, so bewegt sich der Punkt B in einer wellenförmigen, nach links fallenden Kurve, wird Wärme zugeführt in einem ähnlichen nach rechts steigenden Kurvenzug.

Es ist ersichtlich, daß den Laufradschaufeln Wärme nicht wohl zugeführt werden kann, umgibt man dagegen den Turbinenmantel mit Heißdampf und sorgt konstruktiv für guten Kontakt der Leitschaufelsysteme mit diesem Dampfmantel, so ist es möglich, durch die dann als Rippenheizkörper wirkenden Leitschaufeln dem Dampf Wärme zuzuführen, eine weitere Innenkondensation zu verhüten, vielleicht sogar eine leichte Trocknung des Dampfes zu erzielen.

Bei dem gewählten Beispiel beginnt in der Düse trotz der hohen anfänglichen Überhitzung die Innenkondensation schon bei der Geschwindigkeit $c = 890$ m im ersten Zehntel der Düsenlänge bei etwa 1,1 Atm. absolut.

Trotz Widerspruchs scheint nun festzustehen, daß besonders bei Freistrahlturbinen und bei Verwendung nicht überhitzten Dampfes eine starke Erosion der Schaufeln stattfindet. Der Umstand, daß diese Ausfressungen bei steigender Überhitzung geringer ausfallen, berechtigt zu dem Schluß, daß der Einwirkung der ausscheidenden Wasserpartikelchen diese Störungen zuzuschreiben ist. Wenn nun auch in der hier untersuchten Turbine infolge der günstigen Dampfführung ein besseres Schwimmen der

Wasserteilchen im Dampfstrom gewährleistet ist, so müssen diese demnach wegen des ungünstigen Verhältnisses der Masse zur Oberfläche die in der Richtung der Zentrifugalkraft vor ihnen liegenden Dampfschichten durchschlagen und die Schaufelfläche treffen.

Ein sicherer Schutz gegen diese Zerstörungen wäre nur durch konstruktive Maßnahmen zu erreichen, durch welche der Dampf im Innern der Turbine ständig über dem Sättigungspunkt gehalten würde.

Würde man den Dampf vor dem Eintritt in die Düsen so hoch überhitzen wollen, daß bei Erreichung des Enddruckes $= 0{,}1$ Atm. q nicht kleiner als 1 wird, so müßte die Überhitzung auf ca. 800^0 C getrieben werden, was bei dem heutigen Stande der Überhitzertechnik ausgeschlossen ist.

Es sind also diejenigen Mittel und Wege zu untersuchen, welche es gestatten, die erwähnten schädlichen Einwirkungen möglichst klein zu halten bzw. ganz zu beseitigen.

Allerdings ist lediglich die Rentabilitätsrechnung dafür entscheidend, ob nicht besser die Schaufeln nach einigen Jahren (ähnlich wie Kolbenringe) ersetzt werden oder ob Komplikationen im Bau und Betrieb der Turbine in den Kauf genommen werden sollen.

Es ist ferner mittels einer möglichst exakten Arbeits- und Wärmebilanz zu prüfen, ob nicht durch die einzuschlagenden Mittel und Wege eine Verminderung des thermischen Effekts bewirkt werden wird.

Bei jeder Überhitzung ist die Wärmemenge Q, welche dem zu überhitzenden Gase zugeführt werden soll, abhängig von der Flächengröße und dem Durchlaßkoeffizienten des Überhitzers, von der Differenz der Temperatur T_u im Überhitzer gegenüber der Gastemperatur T (also $T_u - T$) und von der Reziproken der Geschwindigkeit *c*, mit welcher der Gasstrom den Überhitzer passiert. Würde man also die Düsen mit einem Dampfmantel umgeben, so wird die Überhitzungsfläche sehr klein und die Geschwindigkeit sehr groß, so daß nur eine äußerst geringe Wärmemenge durch die Düsenwand wird zugeführt werden können, um so mehr, als T_u, da es sich hier nur um indirekte Überhitzung durch Heißdampf handeln kann, ziemlich niedrig liegt.

In den Düsen sinkt nun bei dem gewählten Beispiel die Temperatur von 395° bei 10 Atm. auf ca. 45° C bei 0,1 Atm.; bis zu 1 Atm. Druck bleibt der Dampf überhitzt und erreicht im Punkt *B* einen Sättigungsgrad von 88,3 v. H., hat also einen Wassergehalt von 11,7 v. H., der zwar ökonomisch nicht ungünstig ist, aber immerhin schon Erosionen befürchten läßt.

Die Überhitzung vor Eintritt in Düsen über ca. 400° zu treiben, erscheint unmöglich; es bleiben also nur drei Wege übrig, um den gewünschten Effekt zu erreichen.[1])

1. Könnte man daran denken, dem Dampf in den Düsen so viel Wärme zuzuführen, daß er bei 0,1 Atm. noch gesättigt ist.

2. Könnte die Turbine in zwei Teile zerlegt werden (in eine Hoch- und eine Niederdruckturbine), so daß in der ersten der Dampf bis zur Sättigung expandiert, alsdann könnte man denselben durch einen Überhitzer oder geheizten Receiver so hoch auf (ca. 290° C) überhitzen, daß er nach dem Verlassen des Düsensystems der zweiten Turbine ebenfalls noch über dem Sättigungspunkt bleibt.

---

[1]) Die neueren Lorenzschen Untersuchungen zeigen, daß die Verhältnisse viel günstiger sind als nach den bisherigen Anschauungen.

3. Der günstigste Fall endlich, welcher sich durch größtes $(T_u - T)$ und durch geringste Wärmeunterschiede im Innenverlauf des Prozesses auszeichnet, der aber kaum ausführbar sein dürfte, ist der folgende. Man verlegt den ganzen Vorgang in die Sättigungs- (Grenz-) Kurve, läßt also den Arbeitsdampf vor dem Eintritt unüberhitzt und führt in den Düsen in dem Maße Wärme zu, daß sich die Expansion auf der Sättigungskurve, d. h. nach dem Gesetz $p \cdot v^{1,0646} = 1,7617$ (p in kg/cm²), abspielt.

Reibungsarbeit in den Düsen.

Ehe nun in eine rechnerische Behandlung dieser drei Fälle eingetreten werden kann, erscheint es nötig, die Reibungsarbeit in den Düsen, genauer als dies meines Wissens bisher getan ist, zu studieren und die größtmögliche Wärmezuführung durch die Düsen rechnerisch festzustellen.

Stodola und andere legen den Berechnungen der Reibungsarbeit die bekannte hydraulische Formel $h = \lambda \frac{u}{F} l \frac{c^2}{2g}$ zugrunde, worin h die Reibungshöhe, u die Umfangsfläche, F den Rohrquerschnitt, l die Länge der Rohrstrecke, c die Geschwindigkeit des Mediums und g die Beschleunigung der Schwerkraft bedeutet.

Die zugrunde liegende hydraulische Formel berücksichtigt aber nicht das wechselnde spezifische Gewicht des Gases; sie ist vielmehr aufgebaut auf den Eigenschaften eines flüssigen Körpers, es ist also nicht zu erwarten, daß die Resultate der Formel den tatsächlichen Verhältnissen entsprechen.

Wenn nun hier der Versuch gemacht werden soll, die Rechnung auf den Eigenschaften der Gase bei adiabatischer Expansion aufzumachen, so kann das nur unter der Voraussetzung geschehen, daß die entstehenden Folgerungen durch Versuche geprüft und bestätigt werden.

In den nachstehenden Untersuchungen ist angenommen, daß Wärme weder von außen zugeführt noch nach außen verloren wird; die gesamte Reibungsarbeit wird alsdann in Wärme umgesetzt. Stodola hat gezeigt, welcher Teil der Reibungsarbeit durch Erwärmung wiedergewonnen wird; aus diesen Untersuchungen geht hervor, daß, weil der wiedergewonnene Teil der Reibungsarbeit $= \int (v_\varrho - v)\, dp$ ist, dieser Gewinn nur dann einen positiven Wert haben kann, wenn gleichzeitig Expansion stattfindet; bleibt der Druck konstant, wie bei der hier untersuchten Konstruktion der Schaufeln, dann wird der Rückgewinn, weil $p =$ konst., also $dp = 0$ ist, ebenfalls $= 0$, d. h. die gesamte Reibungsarbeit ist verloren. Auf jeden Fall entsteht durch die von der Reibungsarbeit erzeugte Wärme eine Volumenvergrößerung des Dampfes von v auf v_ϱ, welche für Düsen und Schaufeln so genau als möglich zu ermitteln ist, um die Querschnitte entsprechend vergrößern zu können; andernfalls würden Störungen durch Rückstau und Stöße erhebliche Arbeitsverluste veranlassen.

Es darf nicht unerwähnt bleiben, daß die mit der Volumenvergrößerung Hand in Hand gehende Verringerung der Dampfnässe aus den früher angeführten Gründen praktisch höchst erwünscht ist.

Nimmt man nun an, daß die Reibungsarbeit vom Flächenzustand (gekennzeichnet durch einen Reibungskoeffizienten ζ) von der Flächengröße, dem Flächendruck p (also dem Gasdruck) und dem Verschiebungsweg abhängig ist, so ergibt sich für die Düsenreibung die folgende Betrachtung:

Zerlegt man den Dampfinhalt der Düse durch nahe aneinander liegende Querschnitte in unendlich kleine gewichtsgleiche Teile, so folgt, wenn L die Länge der Düse, c die Geschwindigkeit im untersuchten Element, C die Geschwindigkeit am Düsen-

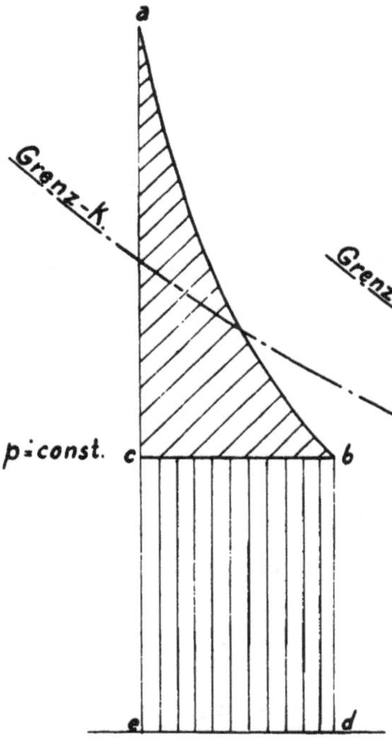

Fig. 55.

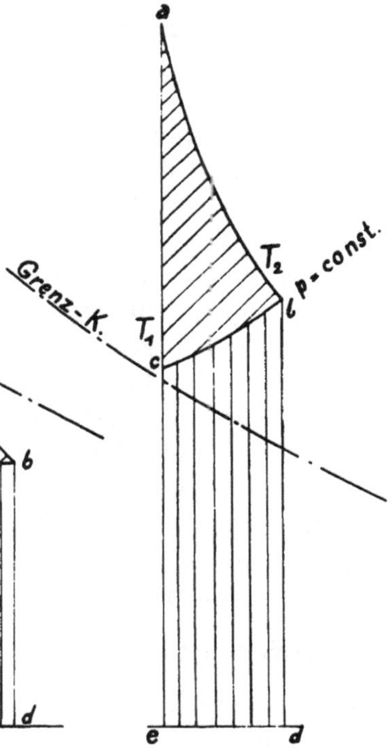

Fig. 56.

austritt ist, daß nach früherem wegen der Kontinuität der Bewegung die Länge des Elementes $dl = dL\frac{c}{C}$ sein muß. Durch Reibung vermindern sich diese Geschwindigkeiten auf c_ϱ und C_ϱ, dann entsteht die Aufgabe: es soll die reibungslose Düse für konstantes Volumengefälle so erweitert werden, daß die Drucke p an den betreffenden Stellen nicht geändert werden. Es müssen also die Düsenquerschnitte sowohl der Geschwindigkeitsabnahme als der Volumszunahme entsprechend vergrößert werden. Stodola hat gezeigt, daß, wenn Reibungsarbeit verbraucht wird, ein Betrag dieser Arbeit in der Größe von $\int_p^{p_a} (v_\varrho - v)\, dp$ wieder gewonnen wird, wenn unter v_ϱ das durch die Reibungswärme expandierte Volumen, welches vorher die Größe v hatte, unter p_a und p der Anfangs- und Enddruck des adiabatischen Expansionsvorganges verstanden wird. Im Entropiediagramm stellt sich nach Stodola für das Naßdampfgebiet in Fig. 55, für das Heißdampfgebiet in Fig. 56 die Gesamtreibungsarbeit in Form von Wärme durch Fläche *a b d e c a*, die wiedergewonnene Arbeit durch Fläche *a b c a*, der verlorene Teil der Arbeit durch Fläche *c b d e c* dar; die Lage des Punktes *b* in Fig. 55 rechts von *c* zeigt, daß der Wassergehalt des Dampfes geringer, sein Volumen größer geworden ist.

Ein Element der reibungslosen Quadratdüse hat nun die Seitengröße D, sein Umfang ist $4D$, seine Länge nach obigem $dL\frac{c}{C}$, die der Reibung ausgesetzte Umfläche $4DdL\frac{c}{C}$. Ist nun die Spannung des passierenden Gases p und ζ der Reibungskoeffizient, so ist der Reibungsdruck am Umfang $4\zeta D p dL\frac{c}{C}$. Die Düse fördert aber $D^2 c\gamma = \frac{D^2 c}{v} = x$ kg Dampf. Die Reibungsarbeit in dem betrachteten Element ist also per kg Dampf $dR = 4\zeta\frac{DpdL}{x}\frac{c^2}{C} = 4\zeta\frac{pdLcv}{DC}$. Tritt nun durch Reibung Geschwindigkeitsverminderung von c auf c_ϱ und Volumenvergrößerung von v auf v_ϱ ein, so muß die Düsenseite auf d vergrößert werden, so daß $dR = 4\,\zeta \frac{p\,d\,d\,L\,c_\varrho}{x\,C_\varrho} = 4\,\zeta \frac{p\,d\,L\,c_\varrho}{d \cdot C_\varrho}\,v_\varrho$ wird, wenn p, L und x unverändert bleiben sollen.

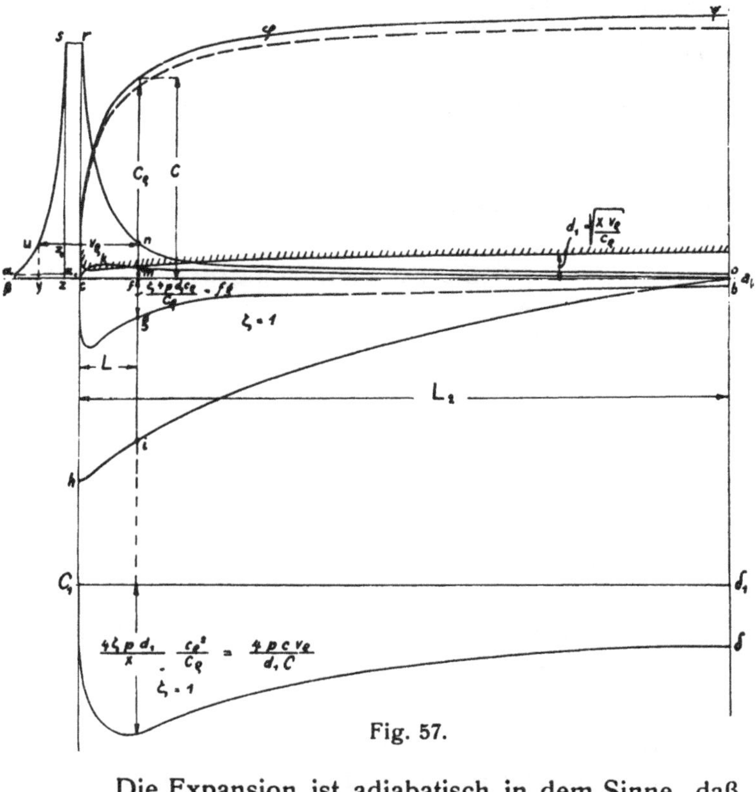

Fig. 57.

Die Expansion ist adiabatisch in dem Sinne, daß von außen keine Wärme zu oder abgeführt wird, es wird indessen aus dem Energievorrat des Dampfes Arbeit entnommen und in Form von Wärme wieder zugeführt, damit wird das Volumen vergrößert und die Vorgangskurve weicht im Entropiediagramm von der Adiabate (Isentrope) nach rechts hin aus. Verzeichnet man nun zur Bestimmung der reibungslosen Düse nach früherem in Fig. 57 das adiabatische Druckvolumendiagramm *sroaczs*, ermittelt nach früherem die Kurve $c\varphi\psi$ für c und macht nun zunächst die (praktisch annähernd zutreffende) Annahme, daß überall $\frac{c_\varrho}{c} = \frac{C_\varrho}{C}$ sei, so wird $dR = 4\zeta \frac{pc}{dC} v_\varrho dL$.

Nimmt man jetzt schätzungsweise C_ϱ und damit $\frac{C^2 - C_\varrho^2}{2g}$ an, so ist nach der Hypothese $c_\varrho = \frac{cC_\varrho}{C}$ auch c_ϱ für jeden Fall gegeben und v_ϱ kann ermittelt werden.

Bezeichnet Q die bei Verrichtung der Reibungsarbeit verlorene Wärmemenge, T_2 die dem v_ϱ an der untersuchten Stelle der Expansion, T_1 die dem v entsprechende Temperatur, dann ist, da v_ϱ und v zum gleichen p gehören, für das Heißdampfgebiet $\frac{T_2}{T_1} = \frac{v_\varrho}{v}$. Da nun die vom Anfangspunkt des Prozesses (p_a) bis zur untersuchten Stelle p verlorene Arbeit $= \frac{c^2 - c_\varrho^2}{2g}$ pro kg Dampf ist, so folgt

$$\frac{c^2 - c_\varrho^2}{2g} = 427\,Q = 427 \cdot 0{,}48 \ln \frac{T_2}{T_1} = 427 \cdot 0{,}48 \ln \frac{v_\varrho}{v}$$

$$\text{oder } \lg v_\varrho = \lg v + \frac{c^2 - c_\varrho^2}{9262}$$

für das Heißdampfgebiet.

Für das Naßdampfgebiet sei die Dampfentropie an der untersuchten Stelle für den Druck $p = L$; v und die zugehörige Dampfnässe q sind aus der Aufgabe bekannt, so folgt

$$\frac{Q}{T_1} = q_\varrho \frac{L}{T_1} - q\,\frac{L}{T_1}$$

da für konstantes p im Naßdampfgebiet auch T konstant bleibt. Es wird also $q_\varrho = \frac{Q}{L} + q$ und da ferner für Naßdampf $\frac{v_\varrho}{v} = \frac{q_\varrho}{q}$ ist und $427\ Q = \frac{c^2 - c_\varrho^2}{2\,g}$, so folgt

$$v_\varrho = v\left(\frac{c^2 - c_\varrho^2}{2\,g\,q\,427\,L} + 1\right) = v\left(\frac{c^2 - c_\varrho^2}{8377\,q\,L} + 1.\right)$$

Jetzt ist v_ϱ für alle Punkte zu berechnen. Trägt man nun die Größen $v_\varrho - v = u z_1$ im Druckvolumdiagramm horizontal links von der Endordinate sz in der Höhe des jeweiligen p an, so entsteht die Kurve $s u a \alpha_1 s$; un wird $= v_\varrho$, $z_1 n = v$ und der Inhalt der Fläche $s u z_1 s$ wird $= \int_p^{p_a} (v_\varrho - v)\,dp$, d. h. gleich der wiedergewonnenen Arbeit, welche, in Form von Wärme dem Dampf zugeführt, die Volumvergrößerung von v auf v_ϱ bewirkt.

Für jedes p ist nun das zugehörige v_ϱ und c_ϱ bekannt, es kann also nach früherem $d = \frac{v_\varrho}{c_\varrho}$ als Seitenlänge der korrigierten Düse für 1 kg Sekundenleistung berechnet und verzeichnet werden. Für die Leistung von x kg Sekundendampf ist $\frac{d_1^2\,c_\varrho}{v_\varrho} = x$, also wird für x kg Sekundenleistung

$$d_1^2 = \frac{x\,v_\varrho}{c_\varrho} \text{ und } d_1 = \sqrt{\frac{x\,v_\varrho}{c_\varrho}}$$

ergibt die Seite der Quadratdüse für x kg Sekundendampf.

Die schraffierte Kurve im Druckvolumdiagramm gibt das diesem d_1 entsprechende Düsenprofil an.

Bisher war C_ϱ als bekannt angenommen; aus Versuchen ist aber nur ζ bekannt, es muß darum das zu ζ gehörige C_ϱ bestimmt werden.

Der Reibungsdruck im Element war $4\,\zeta\,p\,d_1\,dL\,\frac{c_\varrho}{C_\varrho}$, bildet man jetzt mit $\zeta = 1$ den Wert $\frac{4\,p\,c_\varrho\,d}{C_\varrho}$ für viele Werte von L (d. h. für viele Stellen der Düse) und trägt diese Werte als Ordinaten auf die Abszissse L auf, so entsteht die Fläche $cfabgc$, deren Inhalt den Reibungsdruck auf die Düse darstellt.

Bildet man das Linienintegral aih zu diesem Flächenintegral von rechts her, d. h. von der Austrittsmündung der Düse anfangend, so stellt die Ordinate if den auf der Strecke $L_2 - L$ der Düse lastenden Reibungsdruck dar.

Zur Überwindung dieses Reibungsdruckes denkt man sich nun in dem Querschnitt bei L eine Gegenkraft angebracht, welche in der Größe τd_1^2 diesem Reibungsdruck gleich ist und ihn überwinden kann: $if = \tau d_1^2$, dann ist $\tau = \frac{if}{d_1^2}$ der spezifische Druck auf den Düsenquerschnitt.

Trägt man die Größe $\tau = mf$ als Ordinate nach oben auf L als Abszisse auf, so entsteht die Fläche $ckmac$. In dem untersuchten Düsenquerschnitt herrscht nun der Druck $p = \overline{nf}$; von diesem Druck geht der Teil $\tau = mf$ zur Überwindung des Reibungsdrucks verloren, es bleibt also zur Beschleunigung der Dampfsäule nur $p - \tau = \overline{nm}$ als Druck übrig. Daraus folgt, daß die Diagrammfläche $crnmkc$ die übrigbleibende Beschleunigungsarbeit darstellt, welche von Beginn der Expansion bei r bis zur Stelle n in kinetische Energie verwandelt wird.

Diese Arbeit aber ist für die Düsenleistung von x Sekundenkg $= \frac{x\,c_\varrho^2}{2\,g}$, während Fläche $ckmfc$ gleich der verlorenen Arbeit $\frac{c^2 - c_\varrho^2}{2\,g} \cdot x$ ist.

Die wiedergewonnene Arbeit aber ist

$$x \cdot \int_{p}^{p_a} (v_\varrho - v)\, dp =$$

Fläche sz_1us, also wird die wirkliche Reibungsarbeit gleich

$$x\left(\frac{c^2 - c_\varrho^2}{2g} + \int_{p}^{p_a} (v_\varrho - v)\, dp\right)$$

d. h. gleich der Summe der Flächen $ckmfc + sz_2us$.

Die gesamte Reibung läßt sich aber auch direkt ermitteln; dieselbe war für das Element

$$dR = 4\,\zeta\, \frac{p c_\varrho v_\varrho}{d_1 C_\varrho} \cdot dL \text{ und mit } \frac{c_\varrho}{C_\varrho} = \frac{c}{C}$$

$$dR = 4\,\zeta\, \frac{c}{C}\, \frac{p}{d_1}\, v_\varrho dL;$$

für die Annahme $\zeta = 1$ läßt sich diese Arbeit leicht graphisch integrieren, wenn man $\frac{4\,cp}{Cd_1}\, v_\varrho$ in Fig. 57 als Ordinaten auf L abträgt; dann ist Fläche $c_1 \delta_1 \delta c$ für die Düsenstrecke 0 bis $L =$ der totalen Reibungsarbeit für $\zeta = 1$.

Nennt man diesen Flächenwert F, so ist für das zu dem angenommenen C_ϱ zugehörige ζ die totale Reibungsarbeit $= \zeta \cdot F$.

Die verlorene Arbeit war $= x\, \frac{c^2 - c_\varrho^2}{2g}$, die wiedergewonnene Arbeit gleich Fläche $suz_1s = F_1$, also ist

$$x\left(\frac{c^2 - c_\varrho^2}{2g} + F_1\right) = \zeta F;$$

hierin ist nur ζ unbekannt, also ist

$$\zeta = \frac{x}{F}\left(\frac{c^2 - c_\varrho^2}{2g} + F_1\right)$$

und ζ ist als der zu dem angenommenen C_ϱ gehörige Reibungskoeffizient bestimmt. Durch Kontrolle hat man sich nun zu überzeugen, ob die Annahme $c_\varrho =$

$\frac{cC_\varrho}{C}$ richtig war, und hat die eventuellen Korrekturen vorzunehmen.

Nun ist aber nicht C_ϱ sondern ζ als konstanter Wert für einen gegebenen Flächenzustand der Düse bekannt, es muß demnach das zu dem gegebenen ζ gehörige C_ϱ gesucht werden. Ermittelt man nach obigem

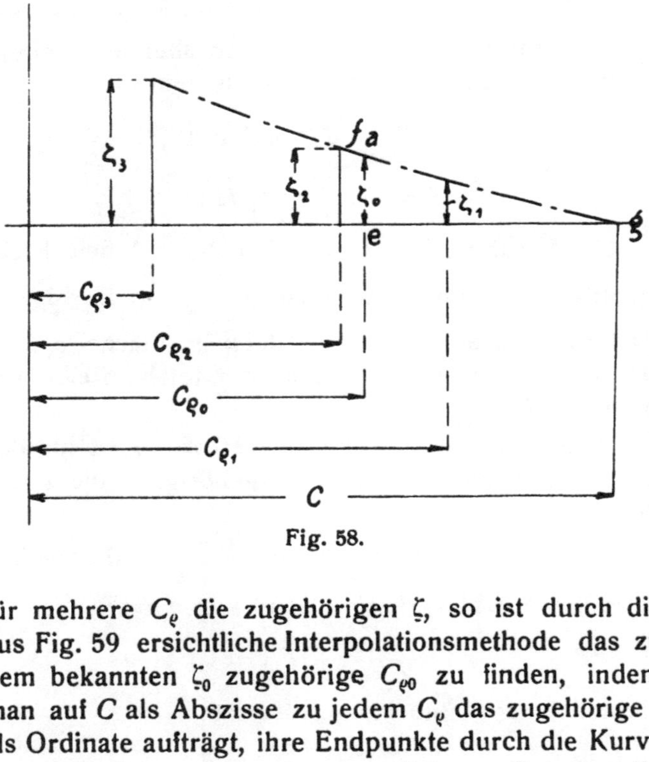

Fig. 58.

für mehrere C_ϱ die zugehörigen ζ, so ist durch die aus Fig. 59 ersichtliche Interpolationsmethode das zu dem bekannten ζ_0 zugehörige $C_{\varrho 0}$ zu finden, indem man auf C als Abszisse zu jedem C_ϱ das zugehörige ζ als Ordinate aufträgt, ihre Endpunkte durch die Kurve fg verbindet und nun in $ae = \zeta_0$ $he = C_{\varrho 0}$ abgreift.

Bei einiger Übung genügt eine Vorermittelung von ζ_2 (etwas größer als ζ_0, bzw. für $C_{\varrho 2} > C_{\varrho 0}$), alsdann kann man, da für $C_\varrho = C$ $\zeta = 0$ ist, die Ge-

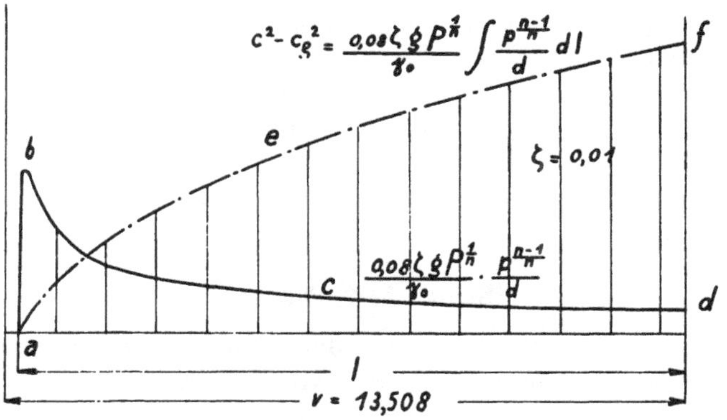

Maßstab: für $\frac{0{,}08\,\zeta\,\varrho\,P^{\frac{1}{n}}}{\gamma_0} \cdot \frac{p^{\frac{n-1}{n}}}{d}$: 1 cm = 10000

" $\frac{0{,}08\,\zeta\,\varrho\,P^{\frac{1}{n}}}{\gamma_0} \int \frac{p^{\frac{n-1}{n}}}{d}\,dl$: 1 cm = 200

Fig. 59.

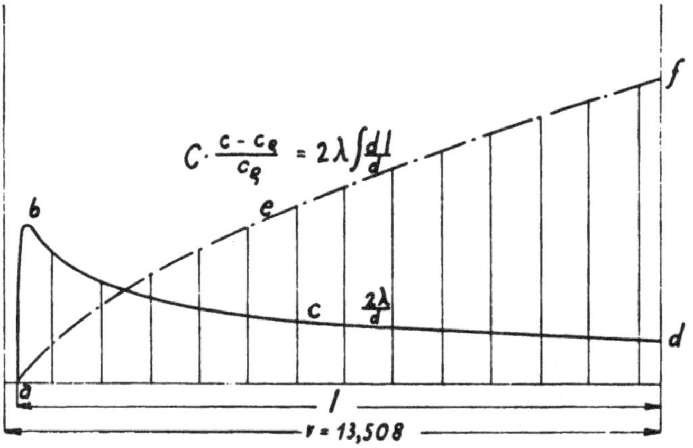

Maßstab: für $\frac{2\lambda}{d}$: 1 cm = 1

für $2\lambda \int \frac{dl}{d}$: 1 cm = 0,003

Fig. 60.

rade fg ziehen und wie oben aus $\zeta_0 = \overline{ae}$ die Strecke $\overline{he} = C_{\varrho 0}$ suchen.

Zum Vergleich der aus der hydraulischen Formel und der hier gegebenen Methode gewonnenen Ergebnisse mögen die Fig. 59 und 60 dienen, durch welche der erhebliche Unterschied derselben ersichtlich wird.

Schaufelreibung.

Bei der Bestimmung der Schaufelreibung soll daran festgehalten werden, daß, um Spaltüberdrucke zu vermeiden, der Druck im gesamten Schaufelgebiet (abgesehen von der untersuchten Innenkompression und Expansion) konstant $= P$ bleibt, daß also die Reibungsarbeiten lediglich aus Verlust an kinetischer Energie bezahlt werden. Es ist klar, daß, wenn P konstant bleibt, zwar auch die gesamte Reibungsarbeit in Wärme umgesetzt wird, daß aber kein Rückgewinn an Arbeit erfolgen kann, weil in $(v_\varrho - v)\,dp$ dp als Differential einer Konstanten gleich Null wird. Die Volumina vergrößern sich natürlich entsprechend der Reibungswärme.

Wirft man, um an einem Beispiel die Vorgänge in der Schaufel klar zu legen, zwei gleiche Kegelkugeln mit gleicher Energie kurz nacheinander auf die Bahn, so holt die zweite die erste Kugel ein und zwar so, daß, wenn sie beide zum Stillstand gekommen sind, ihre Mittelpunkte zusammen fallen würden, wenn dies möglich wäre.

Ein ähnlicher Vorgang findet in der Schaufel statt. Denkt man sich zwei benachbarte durch dicht beieinander liegende Querschnitte abgegrenzte gewichtsgleiche Elementarvolumina durch einen unendlich kleinen Spalt voneinander getrennt, so würden sich diese zwei Teilchen, da ihre Geschwindigkeit durch Reibung verkleinert wird, ebenso einholen und ineinander zu dringen suchen wie die Kegelkugeln. Sie würden aufeinander Drucke ausüben und dadurch eine Stauung hervorrufen. Soll dies nicht eintreten, so muß durch Erweiterung des Schaufelquerschnitts (d. h. durch Überhöhung der Schaufel, da B konstant bleiben muß) dafür Sorge getragen werden, daß die anfängliche Länge dL des Elements der Geschwindigkeitsabnahme und der Volumenvergrößerung durch die Reibungswärme entsprechend auf $dL\,\frac{c_\varrho}{C}$ gekürzt wird, worin C die Anfangsgeschwindigkeit, c_ϱ die durch Reibung verminderte Geschwindigkeit ist.

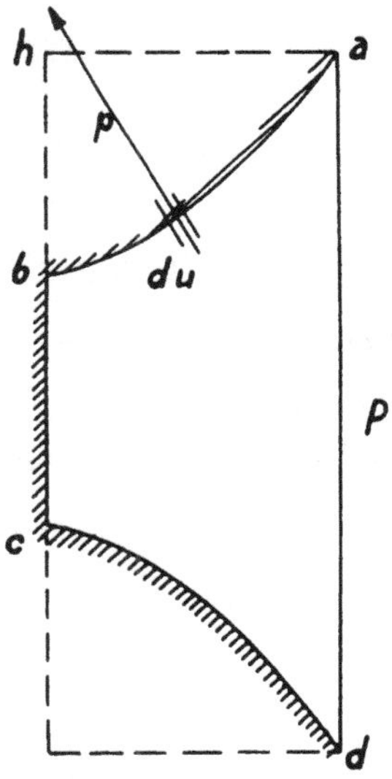

Fig. 61.

Es ist nun zunächst der Reibungsdruck auf der Schaufelumfläche zu bestimmen. Für das Element ist derselbe (s. Fig. 61) offenbar $= \zeta\, p\, du\, dL\, \frac{c_\varrho}{C}$ worin u den Umfang bedeutet; da die Druckverhältnisse in der Schaufel bekannt sind, läßt sich der Gesamtdruck graphisch ermitteln; wegen der kontrahierten Form ($hpc = HPC$) weicht der Gesamtdruck wenig ab von der Größe $2\,(H+B)\,P\,dL\,\frac{c_\varrho}{C}$. Es kann diese Vergrößerung durch Vergrößerung von P auf P_1, welcher Wert graphisch zu bestimmen ist, ausgedrückt werden.

Durch die Geschwindigkeitsverminderung und die Volumenvergrößerung muß H auf h überhöht werden, dadurch wird der Reibungsdruck auf die Umfläche des Elements $= 2\,(h + B)\,P_1 d L \frac{c_\varrho}{C}$.

Nimmt man nun als Konstruktionsgrundlage $h = \alpha L + H$ (L bedeutet die gestreckte Schaufellänge), so wird die Überhöhung proportional der Schaufellänge.

Aus der Gewichtsgleiche der Elemente ist

$$\frac{HBdL}{v} = \frac{hBdL}{v_\varrho}\,\frac{c_\varrho}{C}$$

$$\text{d. h. } \frac{hc_\varrho}{v_\varrho} = \frac{HC}{r} \text{ und } v_\varrho\,\frac{Vhc_\varrho}{HC} \quad . \; . \; . \; 16)$$

Die Reibungsarbeit ist aber gleich dem Energieverlust $R = \frac{C^2 - c_\varrho^2}{2\,g}$ pro kg. Bei der Düsenreibung wurde für das Naßdampfgebiet (um das es sich hier ja handelt) gefunden

$$v_\varrho = V\left(\frac{C^2 - c_\varrho^2}{8377\,qL} + 1\right)$$

und nach (16)

$$\left.\begin{aligned} \frac{Vhc_\varrho}{HC} &= V\left(\frac{C^2 - c_\varrho^2}{8377\,qL} + 1\right) \\ \text{d. h. } \frac{C^2 - c_\varrho^2}{8377\,qL} + 1 &= \frac{hc_\varrho}{HC} \end{aligned}\right\} \quad . \; . \; 17)$$

Verschiebt sich nun das Element um seine eigene Länge, so nimmt die Geschwindigkeit um $d\,c_\varrho$ ab, und es wird die unendlich kleine Reibungsarbeit

$$dR = 2\,\zeta\,(h + B)\,P_1 d L \frac{c_\varrho}{C} \cdot \frac{dLc_\varrho}{C}$$

geleistet, der Verlust an lebendiger Kraft ist aber gleich

$$\frac{dm}{2}\,(c_\varrho^2 - (c - dc_\varrho)^2),$$

es wird also

$$\left.\begin{aligned} dR = dL\frac{c_\varrho}{C}\zeta\, 2\,(h+B)\, P_1\, dL\frac{c_\varrho}{C} = \frac{hBdLc_\varrho}{2\,g\,v_\varrho C}\, 2\,c\,dc, \\ \text{d. h. } 2\,\zeta\,(h+B)\, dL = \frac{HBC^2}{VgP_1}\frac{dc_\varrho}{c_\varrho} \end{aligned}\right\} \quad 18)$$

für ein bestimmtes $h = h_1$ wird $h_1 = \alpha L_1 + H$ und nach (17)

$$\left.\begin{aligned} \frac{C^2 - c_1^2}{8377\,qL} + 1 = \frac{(\alpha L_1 + H)\, c_1}{HC} \\ \text{d. h. } \alpha = \frac{H}{L_1}\left[\frac{C}{c_1}\left(\frac{C^2 - c_1^2}{8377\,qL} + 1\right) - 1\right] \end{aligned}\right\} . \quad 19)$$

$$\text{und } \alpha L = L\frac{H}{L_1}\left(\frac{C}{c_1}\left(\frac{C^2 - c_1^2}{8377\,qL} + 1\right) - 1\right);$$

in (18) eingesetzt gibt

$$2\,\zeta\left(B + H + \frac{L}{L_1}H\left[\frac{C}{c_1}\left(\frac{C^2 - c_1^2}{8377\,qL} + 1\right) - 1\right]\right) dL = \frac{HBC^2}{VgP_1}\frac{dc_\varrho}{c_\varrho}$$

und zwischen den Grenzen 0 und L_1 integriert

$$2\,\zeta\, VgP_1\frac{L_1}{C^2}\left(\frac{1}{H} + \frac{1}{2B}\left[1 + \frac{C}{c_1}\left(\frac{C^2 - c_1^2}{8377\,qL} + 1\right)\right]\right) = \ln\frac{C}{c_1}$$

woraus folgt

$$L_1 = \frac{C^2 \ln\dfrac{C}{c_1}}{2\,\zeta\, VgP_1\left(\dfrac{1}{H} + \dfrac{1}{2B}\left[1 + \dfrac{C}{c_1}\left(\dfrac{C^2 - c_1^2}{8377\,qL} + 1\right)\right]\right)}$$

Hieraus ergibt sich $h_1 = \alpha L_1 + H$ (α aus (19)) und für das Schaufelende $h_2 = \alpha L_2 + \mathrm{H}$.

Aus (17) folgt

$$8377\,qL\left(\frac{h_2 c_2}{HC} - 1\right) = C^2 - c_2^2$$

$$\text{also } c_2 = \sqrt{C^2 + 8377\,qL\left(1 + \frac{2094\,qLh}{H^2C^2} - \frac{4188\,qLh_2}{HC}\right.}$$

$$\text{und aus (1) } v_2 = \frac{Vh_2c_2}{HC}$$

Damit ist die Schaufelüberhöhung, die Volumenzunahme und die Geschwindigkeitsverminderung bestimmt. Trotzdem die Beträge für die Einzelschaufel gering sind, darf die Berechnung nicht unterlassen werden, da die für die erste Schaufel ermittelten Endwerte als Anfangswerte für die nächste gelten.

Die Werte addieren sich zu hohen Beträgen, so daß sie nicht vernachlässigt werden dürfen.

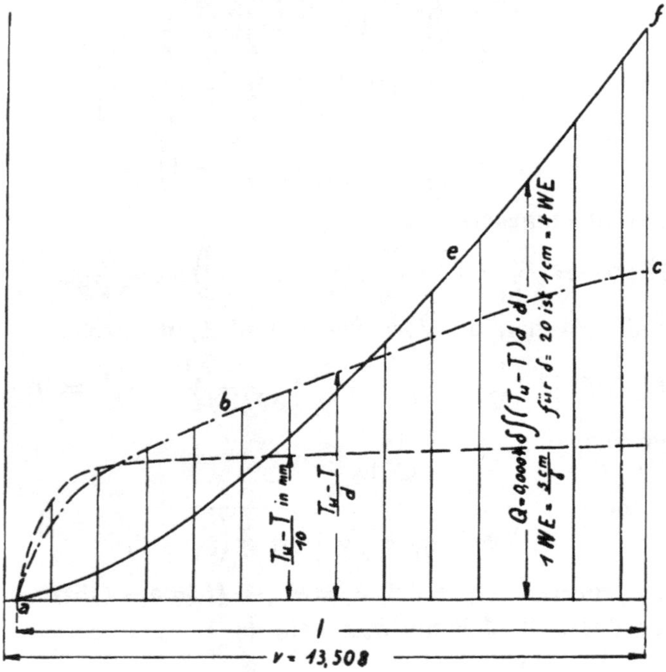

Fig. 62.

Wärmezuführung und Düsenheizung.

In ähnlicher Weise, wie dies bei der Reibung geschehen, läßt sich auch die Wärmezuführung durch die Düsenwand bestimmen (Fig. 62). Man geht hier wieder von dem Volumdifferential aus. Bedeutet δ den Durchlaßkoeffizienten der Düsenwand in WE pro Stunde, d die Seitenlänge der Quadratdüse in cm, l ihre Länge in cm, T_u die absolute Temperatur des Heißdampfes im Heizmantel, T die variable Temperatur des Gases an der betreffenden Stelle der Düse während des Durchgangs und c die Geschwindigkeit des Gasstroms an dieser Stelle, Q aber die zugeführte Wärmemenge, dann ist

$$dQ = \frac{4\,\delta \cdot d \cdot dl}{10000}(T_u - T),$$

daraus folgt die stündlich zugefügte Wärmemenge

$$Q_{\mathrm{WE}} = \frac{4 \cdot \delta}{10000}\int_0^l d\,(T_u - T) \cdot dl$$

und wenn die Düse y Stunden kg leistet

$$Q'_{\mathrm{WE}} = \frac{0{,}0004\,\delta}{y}\int_0^l d\,(T_u - T)\,dl$$

pro kg Dampf und Stunde.

Man verzeichnet zuerst die Differenzen $(T_u - T)$ für jedes l (das zugehörige D ist bekannt), trägt dann auf der Abszisse i die Produkte $(T_u - T)\ d\ \frac{0{,}0004}{y}$ lotrecht auf, so ergibt sich das Flächenintegral abc und daraus das Linienintegral aef. Die von 0 bis l pro kg Dampf aufgenommene Wärme ergibt sich in der betreffenden Ordinatenhöhe.

Durch diese Wärmezuführung wird nun das Volumen bei konstanter Geschwindigkeit und konstantem Druck erhöht, es muß demnach nach bekannten thermischen Gesetzen eine Korrektur für d eintreten, wobei zu beachten ist, daß mit wechselndem d auch Q, und zwar proportional wächst. Die Formeln gelten übrigens, wie leicht ersichtlich, auch für Runddüsen vom Durchmesser d ohne Änderung des Koeffizienten 0,0004. In Fig. 63 sind unter der Annahme, daß die Reibungsarbeit, die früher bestimmt wurde, ganz in Wärme umgesetzt wird, Wärmeaufnahme durch Heizung und Reibungswärme zusammenaddiert für die Düse aufgetragen, um den Gesamtverlust der Wärmebewegung zu zeigen.

Die bei normaler Größe von δ erreichte Wärmemenge wird in der Entropietafel als zusätzliche Wärme

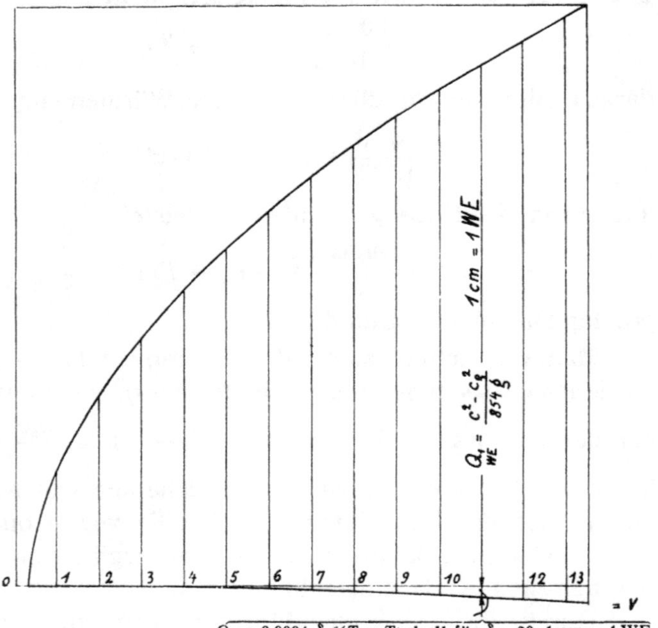

$Q_2 = 0{,}0004\,\delta \int (T_u - T)\, d \cdot dl$ für $\delta = 20$ 1 cm = 1 WE.
WE

Fig. 63.

eingetragen. Diese Eintragung ergibt eine Verschiebung der der Düsenreibung entsprechenden Vorgangskurve *ADJ* nach *AK*; man sieht, daß ohne Vergrößerung des Koeffizienten δ der erreichbare Arbeitsgewinn außerordentlich klein ausfällt. Der Wert der Düsenheizung ist vielmehr im Schutz vor Abkühlung zu suchen.

Einflufs der Reibungs- und Überhitzungswärme auf den thermischen Vorgang in den Düsen.

Expandiert eine Gasmenge adiabatisch, so bleibt der Vorgang auf der Isentrope des Entropiediagrammes; wird Wärme ohne Druckänderung zugeführt, so weicht der Punkt nack rechts, wird Wärme abgeführt, so weicht der Punkt nach links in der Figur aus, d. h. die Entropie wird im ersten Fall größer, im letzteren Fall kleiner. Die Bahn, welche der Punkt während des Arbeitsprozesses im Entropiediagramm durchläuft, soll hier Vorgangskurve genannt werden. Sind die zugeführten Wärmemengen bekannt, so ist es möglich, die Vorgangskurven zu verzeichnen.

Im Entropiediagramm ist die Lage des Punktes in der Isentrope, d. h. auf derjenigen Linie bekannt, an der der Punkt sich befinden würde, wenn der Vorgang adiabatisch verlaufen wäre; es ist dies der Schnittpunkt der durch den Anfangspunkt des Arbeitsprozesses gehenden Isentrope mit der Kurve der konstanten p. Jeder Verschiebung des Punktes auf dieser Kurve gleichen Drucks entspricht eine gewisse Wärmemenge Q, die in der Tafel ohne weiteres abgegriffen werden kann, da der Punkt bei dieser Verschiebung die Linie konstanten Wärmegehalts durchschneidet. Trägt man also die vom Beginn des Prozesses im Düseneintritt bis zu der untersuchten Stelle der Düse (da wo p herrscht) durch Reibung geleistete Wärmemenge in dem betreffenden Maßstabe auf der Kurve gleichen Drucks von der Isentrope aus auf, so findet man den bezüglichen Punkt der Vorgangskurven, oder mit anderen Worten: ist die Wärmemenge im Schnittpunkt der durch den Anfanpspunkt A des Prozesses gehenden Isentrope mit der Kurve für $p = Q_0$ die zugeführte Wärme gleich Q, so sucht man den Schnitt dieser Kurve für konst. p mit der Kurve für $Q_0 + Q$; der Schnittpunkt ist ein Punkt der Vorgangskurve. Somit läßt sich diese aus der Entropietafel in ihrem ganzen Verlauf verzeichnen. Ebenso ist die Wärmemenge Q, welche zugeführt worden ist, aus jeder gegebenen Vorgangskurve rückwärts zu ermitteln. In der Linie A . . . . ist nun die dem Reibungskoeffizienten $\zeta = 1$ entsprechende Vorgangskurve eingetragen. Um nun noch die durch Düsenüberhitzung eingebrachte Wärmemenge Q_2 zu berücksichtigen, ist aus der für die Reibungswärme bestimmten Vorgangskurve noch eine neue der Reibungs- + Überhitzungswärme entsprechende Vorgangskurve AK auf genau demselben Wege zu ermitteln. Diese zweite Kurve ist natürlich auch direkt zu finden, wenn man vom Schnitt der Isentrope mit der p-Kurve auf dieser letzteren bis zum Schnitt der Wärmegehaltskurve $Q_0 + Q_1 + Q_2$ weitergeht.

Es können nun die früher erwähnten drei Fälle nach Maßgabe dieser Methoden untersucht werden.

1. Durch die Düse soll so viel Wärme Q_3 durchgeführt werden, daß der Dampf am Endpunkt des Prozesses gesättigt ist, d. h. daß der Endpunkt der Vorgangskurve in C liegt.

Dem Punkt B (Endpunkt des Prozesses auf der Adiabate) entsprechen nach der Entropietafel 553 WE, dem Punkt C (dem Endpunkt der verlangten neuen Vorgangskurve) 621 WE Wärmeinhalt, es ist also dem kg Dampf eine Wärmemenge von $621 - 553 = 68$ WE zuzuführen. $Q_1 + Q_3$ ist für das gegebene Beispiel $= 68$ WE. Während des Prozesses von $A \div G$ müssen demnach $Q_3 = 68 - Q_1$ WE pro kg durch die Düsenüberhitzung eingebracht werden; dieser Wärmemenge entspricht im Überhitzerdiagramm die Endordinate. Da in demselben die Ordinatenhöhen proportional dem Durchlaßkoeffizienten sind, so brauchen dieselben nur im Verhältnis $\frac{Q_3}{Q_x}$ vergrößert zu werden (wenn Q_x die Endordinate der Überhitzerdiagramme ist), um nach obigem die Vorgangskurve für den Fall 1 zu verzeichnen, wie in Linienzug ALC geschehen ist.

Man sieht, daß im Verlauf der Expansion die Sättigungskurve bei $p = 1$ unterschritten wird, daß der Dampf aber dennoch bei $p = 0{,}1$ den Sättigkeitspunkt erreicht, also trocken in die Turbine eintritt, nachdem er vorher bei $p = 0{,}25$ einen Wassergehalt von stark 3 v. H. gehabt hatte.

2. Zerfällung der Turbine in zwei Systeme mit Zwischenüberhitzung.

Zerfällt man die Turbine in zwei Systeme, so wird die Eintrittsgeschwindigkeit des Dampfes wesentlich herabgesetzt, die Düsen werden in beiden Systemen kurz, so daß an eine Heizung derselben nicht mehr zu denken ist, die Reibungsarbeit in Düsen und Schaufeln nimmt zu durch höheren Druck im ersten System, sie wird vermindert durch Verringerung der Geschwindigkeit der Düsenlänge. Im einzelnen System vermindert sich die Zahl der Laufräder auf drei (im ganzen sind also vier Leitsysteme und sechs Laufräder nötig), infolge großer Schaufelzahl wächst die Reibung in dieser, die Leerlaufarbeit des zweiten Systems wird kleiner als die des Rades der einsystemigen Turbine; hinzu kommt die Leerlaufarbeit des in dichterem Medium allerdings mit geringer Umfangsgeschwindigkeit laufenden ersten Systems und endlich ein nicht unerheblicher Energieverlust dadurch, daß der Dampf das erste Rad mit einer Geschwindigkeit von etwa 200 m verläßt und in den Überhitzer strömt, in welchem höchstens 50 m Geschwindigkeit zugelassen werden sollten. Es ist ferner nötig, beide Turbinensysteme zu steuern, um die Druckverhältnisse richtig zu halten; aus all diesen Gesichtspunkten ergibt sich ein hoher Herstellungspreis. Die Dichtungen zwischen beiden Systemen, schwerere und längere Wellen und größere Lager sind außerdem für Preis und Betrieb recht unangenehme Zugaben. Dennoch ist die ernstliche Prüfung der Konstruktion wenigstens für große Turbinen sehr rätlich, da es nicht ausgeschlossen ist, daß, besonders deswegen, weil es bei dieser Bauart leicht ist, den Dampf nicht unter den Sättigkeitspunkt kommen zu lassen, bei geschickter Benutzung der hier abgeleiteten Gesetze ein besseres Resultat erzielt wird als mit einer einsystemigen Turbine.

Man läßt den Prozeß in den Düsen des ersten Systems wieder bei A beginnen, indem man von Düsenheizung absieht und setzt denselben so lange fort, bis der Vorgangspunkt die Sättigkeitskurve in D erreicht (natürlich unter Berücksichtigung der Reibung). In gewähltem Beispiel ist dies bei $p = 0{,}95$ Atm. abs. der Fall. Man führt nun den Dampf durch einen Überhitzer bzw. einen geheizten Receiver, in welchem der Dampf bei konstantem p ($= 0{,}95$ Atm.) auf etwa 270 überhitzt wird, der Vorgangspunkt durchläuft dabei die Bahn DE und schneidet in E die Adiabate, welche ihn dann unter Berücksichtigung der Reibung im zweiten Düsensystem nach C führt, wo er die Sättigungskurve trifft; der Dampf tritt also auch in das zweite System trocken ein. Während des Verlaufs der Kurve DE, d. h. im Überhitzer, vergrößert sich das Volumen des Dampfes von v_1 auf v_2 unter dem konstanten Druck, die diesem Vorgang entsprechende Arbeit $p\,(v_1 - v_2)$ kommt im zweiten System zur Verwendung und findet ihren konstruktiven Ausdruck in der Erweiterung der Düsen desselben.

Der Dampf hat beim Austritt aus dem letzten Rade des Hochdrucksystems eine absolute Austrittsgeschwindigkeit c_1 von 200 m; die Geschwindigkeit im Überhitzer sei $c_2 = 40 - 50$ m, dann findet hier ein Arbeitsverlust statt $= \frac{c_1^2 - c_2^2}{2\,g}$ pro kg Dampf, der allerdings zum Teil wenigstens durch die unmittelbar hinter den letzten Schaufeln auftretende Überhitzung, durch Stoß und Wirbelungen wieder in Wärme umgesetzt wird; immerhin dürfte der wirkliche Verlust schätzungsweise 25 v. H. der Größe $\frac{c_1^2 - c_2^2}{2\,g}$ betragen, es steht also dem Arbeitsverlust $Q_{WE} = \frac{c_1^2 - c_2^2}{854 \cdot g}$ in WE ein Wärmegewinn $Q_5 = \frac{c_1^2 - c_2^2}{1120 \cdot g}$ gegenüber. Hatte der Dampf beim Austritt aus der letzten Schaufel der Hochdruckturbine also einen Wärmegehalt von Q_4 (bei D im Entropiediagramme), so rückt durch diese Überhitzung der Vorgangspunkt auf der Linie gleichen Drucks bis zum Schnitt derselben mit der Wärmekurve für $Q_4 + Q_5$ aufwärts, der Punkt bewegt sich dann auf der p-Kurve weiter bis E, d. h. bis zum Schnitt mit der Wärmekurve Q_6, nimmt also aus dem Receiver $Q_6 - (Q_4 + Q_5)$ WE in sich auf. Im Punkt E liegt der Beginn der Expansion des zweiten Düsensystems. Wäre die Strömung in dieser Düse reibungsfrei, so würde der Vorgangspunkt mit der Isentrope EG lotrecht sinken, durch die Reibungsarbeit bzw. durch die aus derselben gewonnene Wärme wird er indessen nach C abgelenkt und trifft somit programmgemäß in p

= 0,1 Atm. die Grenzkurve. Die Reibungsarbeit bzw. die entsprechende Wärmemenge wird in allen Fällen dem Wärmevorrat des Betriebsdampfes wieder zugeführt, nachdem sie ihm vorher in Form von Arbeit entzogen war; sie wird also nicht etwa durch den Überhitzer von außen entnommen.

Der Zwischenüberhitzer (Receiver) gibt also, wenn in diesem Falle keine Düsenheizung vorhanden ist, lediglich $Q_6 - (Q_4 + Q_5)$ WE ab; diese Wärmemenge zuzüglich der event. durch einen Dampfmantel den Leitschaufeln und damit dem Betriebsdampf während des Prozesses zugeführte Wärme ist die Gesamtwärme, welche nach Beginn des Prozesses von außen her dem Dampf zugeführt werden muß. Die bei Düsenheizung verbrauchte Wärmemenge ist früher bestimmt. Nach diesen Gesichtspunkten ist für alle Fälle die Wärmebilanz aufzustellen.

Bei voll oder gruppenweis voll beaufschlagten Turbinen läßt sich unter geeigneten konstruktiven Maßnahmen der Verlust an lebendiger Kraft aber auf die folgende Weise fast vollkommen beseitigen. Läßt man den Dampf beim Austritt aus dem letzten Rade des Hochdrucksystems durch entsprechende erweiterte Leitschaufeln in den Ringraum treten, durch welchen der Dampf dem Überhitzer zugeführt wird, und bemißt die Dampfmenge so, daß der Dampf in den Leitschaufeln seine Geschwindigkeit allmählich von c auf c_2 vermindert, um dann im Ringraum und Receiver mit konstantem c_2 weiterzugehen, so tritt in den Leitschaufeln eine arbeitsgleiche Kompression durch Stauung ein.

Die Größe dieser Kompression ist geringfügig; für $c_1 = 200$, $c_2 = 40$ steigert sich der Druck von $p = 1$ Atm. auf $\sim p_2 = 1{,}09$ Atm. Das Verhältnis $\frac{p_a}{\lambda_1}$ muß natürlich konstant erhalten werden.

Die Vorgangskurve für diese Arbeitsweise entsteht, wenn man den Vorgangspunkt von D aus auf der Isentrope um die der Arbeit $\frac{c_1^2 - c_2^2}{2g}$ kgm entsprechende Q in WE bis M ansteigen, dann auf der Kurve konstanten Drucks bis zum Schnitt E_1 mit der der adiabatischen Expansion in den Düsen des zweiten Systems entsprechenden Isentrope weitergehen und auf dieser bis zur Kondensatorspannung heruntersinken läßt. Die Überhitzung im Receiver steigt dann auf etwa 300° C.

3. Die Vorgangskurve fällt mit der Grenzkurve zusammen.

Soll die Grenzkurve mit der Vorgangskurve zusammenfallen, so heißt das: der Betriebsdampf ist beim Eintritt in die Düse gesättigt und bleibt durch Wärmezuführung von außen durch Düsenheizung während des ganzen Verlaufs der Expansion in der Düse im Sättigungszustand (der durch $p \cdot v^{1,0646} = 1,7617$ charakterisiert ist).

Um dies zu erreichen, müßte dem Dampf im Verlauf der Expansion eine große Wärmemenge zugeführt werden, die aus der Entropietafel sofort abzugreifen ist. Der Prozeß beginnt in H auf der Grenzkurve, der Vorgangspunkt würde sich unter Berücksichtigung der Reibungswärme auf der Linie HF bewegen, wenn keine Wärme von außen zugeführt würde. Soll nun der Vorgangspunkt auf der Grenzkurve bleiben, so ist die von H aus bis beispielsweise F_2 zuzuführende Gesamtwärme zu ermitteln. Hat der Dampf bei H Q_7 WE, bei F Q_8 und bei G (GF liegen auf der Linie gleichen Drucks) Q_9 WE, so sind dem kg Dampf $Q_9 - Q_8$ WE vom Beginn bei H aus zuzuführen, wenn der Vorgangspunkt bei G ankommen soll; die Kurve der Wärmezuführung auf die Düse bezogen ist hiernach in Fig. 64 gezeichnet.

Wird die Düse mit stark überhitztem Dampf von T_u absolut geheizt, so ist die Heizung zwar sehr wirksam, da die Temperatur T des gesättigten Betriebsdampfes wesentlich niedriger, $T_u - T$ also von

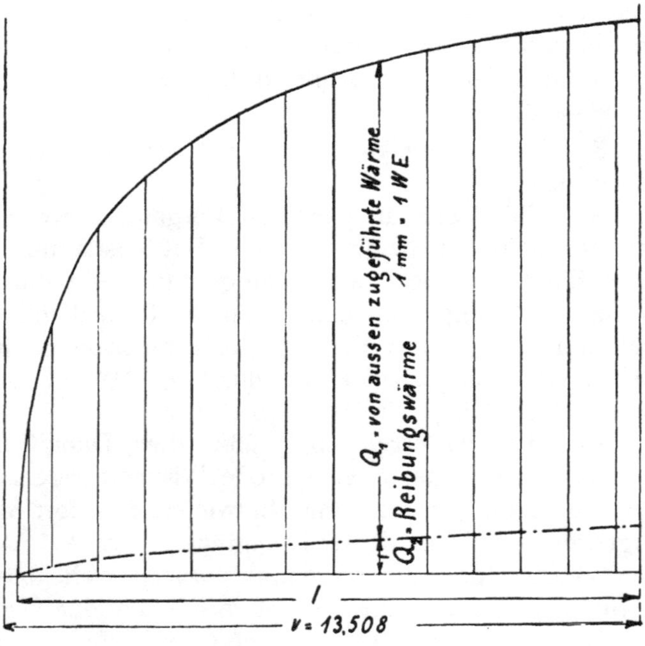

Fig. 64.

Anfang an in der Düse sehr groß ist. Es erscheint aber trotzdem mehr als zweifelhaft, ob ein Material für die Düsen gefunden werden kann, dessen Durchlassungskoeffizient so groß ist, daß die gesamte geforderte Wärmemenge dem Betriebsdampf zugeführt werden kann.

Es ist also ohne weiteres ersichtlich, daß die zur Einhaltung der Grenzkurve aufzuwendende Wärmemenge (Q_1 in Fig. 64) durch eine normale Düse nicht zugeführt werden kann, diese müßte vielmehr, namentlich im Anfangsgebiet, natürlich unter wesentlicher Erhöhung der Reibungsverluste bedeutend verlängert werden. Bliebe die Düse ungeändert und würde es gelingen, für dieselbe ein Material zu finden, welches einen erheblich größeren Durchlaßkoeffizienten hat, so würde die Vorgangskurve ähnlich der Kurve *ADC* zunächst von der Grenzkurve energisch nach unten gehen und erst am Ende des Prozesses die Grenzkurve wieder erreichen. Es würde also im Dampf zuerst eine starke Innenkondensation erleiden, um schließlich dennoch trocken in die Turbine einzutreten. Das bei der Düsenheizung über absichtliche Erhöhung der Reibungsarbeit Gesagte gilt auch hier.

Es sind diese drei Fälle hier ausführlicher behandelt worden, obgleich zwei derselben den Stempel der Unausführbarkeit an sich tragen; trotzdem erscheint die Erörterung derselben nicht nutzlos, da sie es dem Konstrukteur erleichtern, bei der Bestimmung der Vorgangskurve das Richtige zu treffen.

Bestimmung der Arbeits- und Wärmewerte für jede beliebige Vorgangskurve.

Es entsteht jetzt die Aufgabe, für jede beliebige aus dem oben entwickelten konstruktiven Gesichtspunkte gefundene Vorgangskurve die Werte der Arbeit und die bezüglichen Wärmewerte zu ermitteln, um die Wärmebilanz ziehen zu können, die allein für den Wert der Konstruktion maßgebend ist. Gegeben sei in Fig. 65 die Vorgangskurve *BKC*, der Beginn der Expansion in der Düse liegt bei *B*, das spez. Volum sei dort = 0,8, die absolute Temperatur 470, so würde die rein adiabatische Expansion auf der Isentrope *BG* (Entropie = 1,754) verlaufen.

Nach Fig. 65a muß aber nach dem ersten Element *BH* der adiabatischen Expansion der Vorgangs-

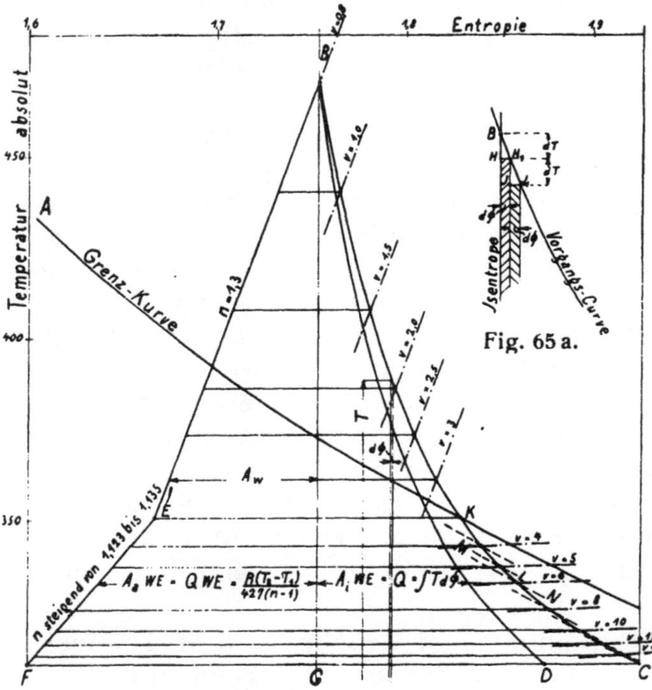

Fig. 65 a.

Fig. 65.

punkt von H nach H_1 abgelenkt werden, um auf der Vorgangskurve zu bleiben; es muß also die unendlich kleine, der horizontalen Strecke HH_1 entsprechende isothermische Expansionsarbeit geleistet werden, oder mit anderen Worten, da $HH_1 = d\,\phi$ (unter ϕ wieder die Entropie verstanden) ist, die Wärmemenge $dQ_H = T_H \cdot d\,\phi$ von außen zugeführt werden.

Im nächsten Element der Bewegung rückt der Vorgangspunkt adiabatisch von H nach J und isothermisch von J nach J_1, wo er die Vorgangskurve wieder trifft. Die bezügliche Wärmemenge, welche von außen zuzuführen ist, wird demnach $dQ_y = T_y \, d\phi$. Die Gesamtwärme, welche für die Summe der isothermischen Einzelvorgänge gebraucht wird, ist also für die Strecke $\overline{BK}$:

$$Q_{BK} = \int_{J_K}^{T_B} T \cdot d\phi$$

Dieser Wert ist für jeden Teil der Strecke $\overline{BK}$ aber aus der Fläche, welche durch die Vorgangskurve, die beiden Isentropen an dem Grenzpunkte der Strecke und der Basis des Entropiediagramms[1]) zwischen letzteren graphisch zu integrieren. Trägt man die den von B aus bis zur untersuchten Grenze gefundenen Werte Q als horizontale Ordinaten auf der Isentrope BG auf, so entsteht die Begrenzungskurve BD, aus deren Ordinaten an jeder Stelle die von B aus bis dahin geleisteten Wärmemengen direkt ergeben.

Aus Fig. 66 geht ferner hervor, daß für die adiabatischen Einzelprozesse die Endtemperatur des Vorausgehenden gleich der Anfangstemperatur des Folgenden ist, daraus folgt, daß die $\Sigma_{T_1}^{T_2} dT = T_2 - T_1$ sein muß. Damit ist auch die adiabatische Arbeit und die hierfür aus dem Wärmevorrat des Betriebsdampfes heraus verbrauchte Gesamtwärme graphisch zu ermitteln. Die Kurven konstanten spezifischen Volums schneiden die Vorgangskurven in den aus Fig. 65 ersichtlichen Punkten (L). Horizontale

[1]) Falls die Wärme aus Reibungsarbeit stammt, ist als untere Grenze nicht die untere Schlußlinie des Entropiediagramms, sondern die Kurve des Enddrucks p zu nehmen.

durch diese Punkte ergeben die zugehörige absolute Temperatur. Die adiabatische Expansionsarbeit ist aber bekanntlich $A_{\text{kgm}} = R \cdot \frac{T_2 - T_1}{n - 1}$. Ist also n und $R = 46{,}7$ bekannt, so kann man die Werte $\frac{R\,(T_2 - T_1)}{n - 1}$ in WE als horizontale Ordinate auf der anderen Seite

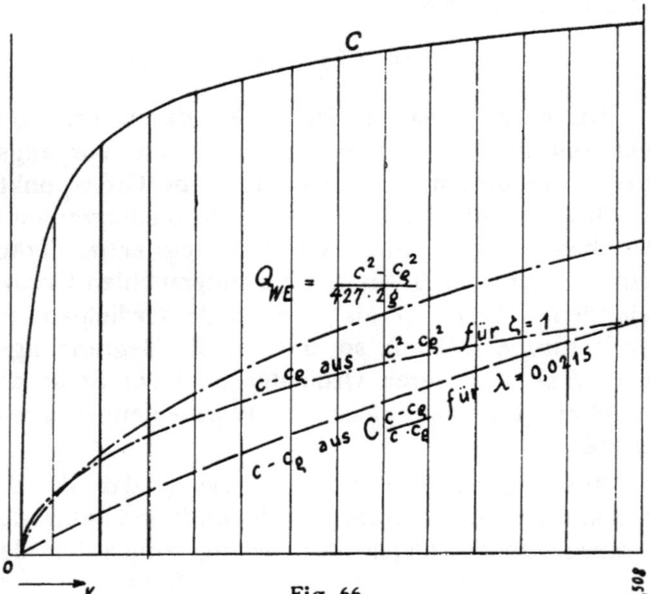

Fig. 66.

13,508

der Isentrope auf den betreffenden Stellen antragen und erhält, da T proportional der Höhe ist, als Maßstab des Entropiediagramms für $n =$ konst. die gerade Linie BE als Grenzkurve des Linienintegrals für die adiabatische Arbeit. B liegt im Überhitzungsgebiet, in K schneidet die Vorgangskurve die Grenzkurve von B bis K bzw. E, ist also $n = 1{,}3$; unterhalb E wechselt n plötzlich und wird variabel. Die

Größe von n für jede Stelle unterhalb E bzw. K ist aber aus dem Wassergehalt des Dampfes daselbst zu rechnen. Da die Kurven gleichen Wassergehalts (d. h. gleicher spezifischer Dampfmengen) die Vorgangskurve durchschneiden (MN in L), so läßt sich das bezügliche q aus der Entropietafel ablesen und daraus $n = 1{,}035 + 0{,}19$ berechnen; aus $A_a = \frac{R(T_x - T_y)}{(n-1)}$ ergibt sich dann, daß die Begrenzung der Arbeitsordinaten durch die Kurve EF erfolgt, welche auch aus der wechselnden Größe von n direkt konstruiert werden kann.

Die Summen der adiabatischen u. isothermischen Expansionsarbeiten sind demnach für die Strecke BC der Vorgangskurve

$$A_a + A_1 = \sum_C^B \left(R \cdot \frac{T_2 - T_1}{n - 1}\right) + \int_C^B T \cdot d\,\phi$$

$$= \text{Strecke } \overline{FD} = \overline{FG} + \overline{GD}$$

Die Arbeitsverteilung in der Düse wird gegenüber der früher betrachteten Düse für rein adiabatische Expansion natürlich eine andere, es muß demnach auf Grund dieses so gewonnenen Arbeitsdiagramms die Düse neu bestimmt werden. Trägt man in Fig. 67 auf der Düsenlänge l als Abszisse die Arbeitsgrößen $A_a + A_i$, erstere z. B. nach oben, letztere nach unten als Ordinaten auf, so ergibt die Summe beider die zur Ergänzung der Geschwindigkeit des Dampfes in der Düse von Anfang derselben aus bis zur untersuchten Stelle aufgewendete gesamte Arbeit, daraus folgt: $\frac{c^2}{2g} = A_{i_{\text{kgm}}} + A_{a_{\text{kgm}}}$ (wenn die Arbeit in kgm ausgedrückt wird) pro kg Dampf; also wird

$$c = \sqrt{2 \cdot g\,(A_i + A_a)}$$

Die C-Kurve wird nun wie früher verzeichnet und daraus die $\frac{v}{c}$ und $d = \sqrt{\frac{v}{c}}$ Kurve rechnerisch bestimmt und eingetragen; durch letztere ist das Düsenprofil dann bestimmt.

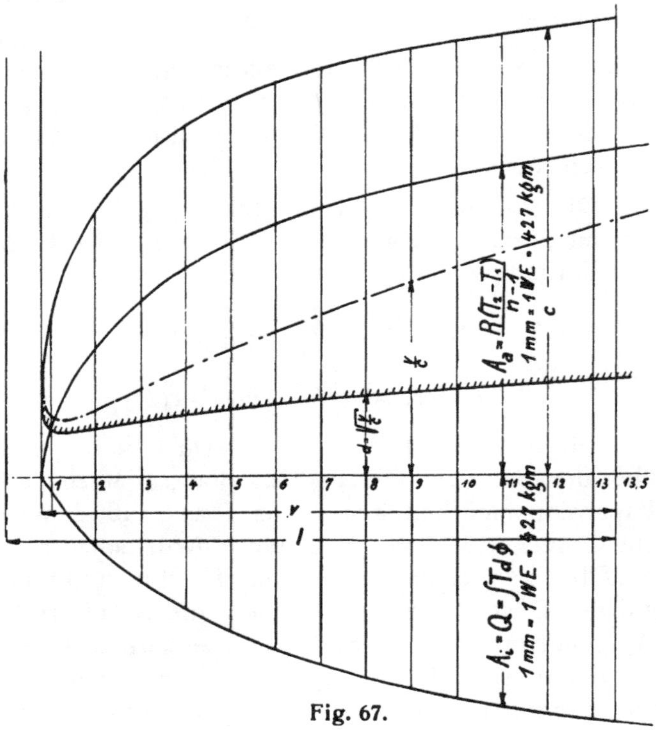

Fig. 67.

Dem Konstrukteur bleibt es dann überlassen, die günstigsten Verhältnisse der Düsenheizung, Reibungswärme, Düsenlänge usw. aufzusuchen, um zu einer möglichst billigen und dampfökonomischen Gesamtkonstruktion zu kommen.

Bezüglich des aus der Reibungswärme zu gewinnenden Arbeitsbetrages wird auf die Untersuchung der Düsenreibung verwiesen.

Schlufs.

Es sei nun noch gestattet, aus den Resultaten der vorliegenden Untersuchungen einige Schlüsse zu ziehen, die zur Kritik der bestehenden Turbinensysteme dienen können:

1. Die Freistrahlgrenzturbine mit richtig bemessenen Längs- und Querprofilen ist allen anderen Systemen überlegen, weil sie die geringsten Spalt-, Druck-, Reibungs-, Wirbelungs- und Stoßverluste hat trotz geringer Radzahl und trotz verhältnismäßig großer Geschwindigkeitsstufe.
2. Freistrahlturbinen ohne richtige Schaufelprofilierung sind unrationell.
3. Ohne Querprofilierung der Schaufeln ist eine Turbine einigermaßen stoß- und verlustfrei nur durch starke Zerfällung des Drucks und der Geschwindigkeit zu konstruieren, natürlich nur auf Kosten der Einfachheit; die Reibungsverluste sind sicher erheblich höher als bei der Freistrahlgrenzturbine.
4. Die ein- oder mehrmalige Zurückführung des Dampfstrahls auf das gleiche Schaufelsystem ist unrichtig, weil die Schaufeln für jeden Durchgang anders profiliert sein müssen.
5. Ob eine Zerfällung der Turbine im Hochdruck und Niederdruck richtig ist, muß in jedem Fall mit Rücksicht auf die Radreibung, die Innendrücke und den Nachteil größerer Abkühlungsflächen, Stopfbüchsen und Verbin-

dungsrohre mit ihren Reibungsverlusten im Gegensatz zu dem Vorteil der Zwischenüberhitzung sorgfältig geprüft werden.

6. Die Pelton- und Zoellyschaufeln haben unrationelle Schaufelformen, selbst bei sehr großer Zahl der Geschwindigkeitsstufen.
7. Mantel- und event. Düsenheizung ist zu empfehlen.

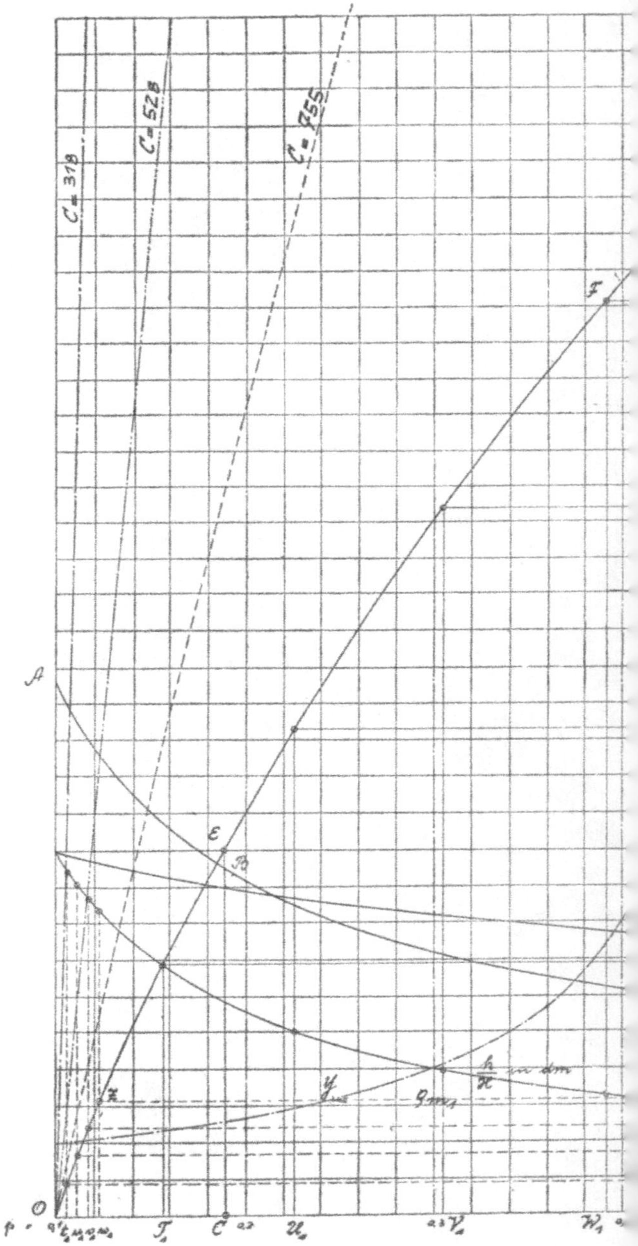
C = 318
C = 528
C = 755
F
A
E
O
Z
Y
T
C
U
V
W

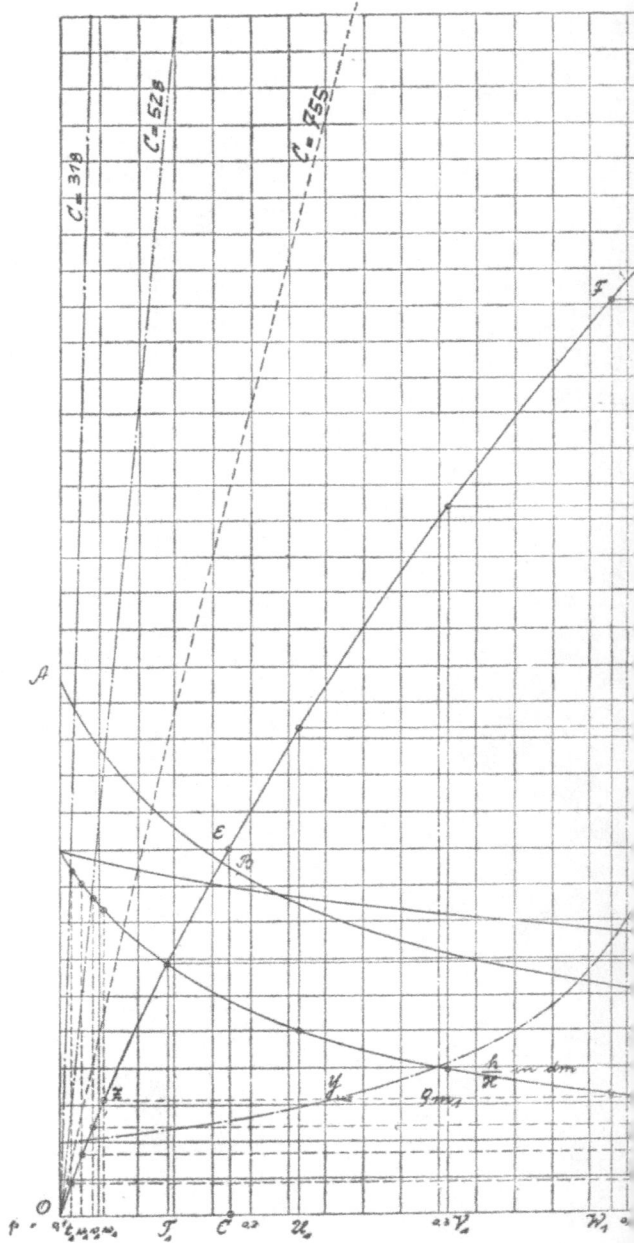

Tafel I.

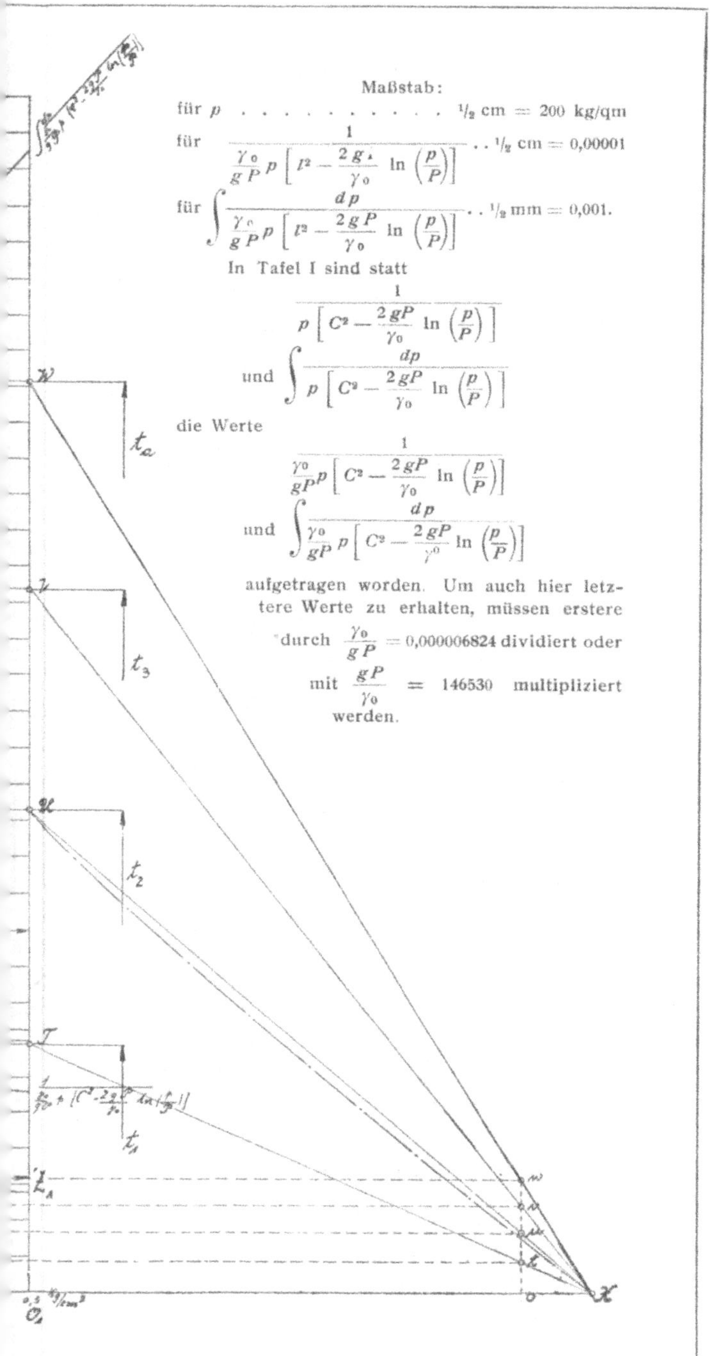

Maßstab:

für p . . . . $\frac{1}{2}$ cm = 200 kg/qm

für $\dfrac{1}{\frac{\gamma_0}{gP}\,p\left[l^2-\frac{2g}{\gamma_0}\ln\left(\frac{p}{P}\right)\right]}$ . . $\frac{1}{2}$ cm = 0,00001

für $\displaystyle\int\frac{dp}{\frac{\gamma_0}{gP}\,p\left[l^2-\frac{2gP}{\gamma_0}\ln\left(\frac{p}{P}\right)\right]}$ . . $\frac{1}{2}$ mm = 0,001.

In Tafel I sind statt

$$\frac{1}{p\left[C^2-\frac{2gP}{\gamma_0}\ln\left(\frac{p}{P}\right)\right]}$$

und $\displaystyle\int\frac{dp}{p\left[C^2-\frac{2gP}{\gamma_0}\ln\left(\frac{p}{P}\right)\right]}$

die Werte

$$\frac{1}{\frac{\gamma^0}{gP}p\left[C^2-\frac{2gP}{\gamma_0}\ln\left(\frac{p}{P}\right)\right]}$$

und $\displaystyle\int\frac{dp}{\frac{\gamma_0}{gP}\,p\left[C^2-\frac{2gP}{\gamma^0}\ln\left(\frac{p}{P}\right)\right]}$

aufgetragen worden. Um auch hier letztere Werte zu erhalten, müssen erstere durch $\frac{\gamma_0}{gP}$ = 0,000006824 dividiert oder mit $\frac{gP}{\gamma_0}$ = 146530 multipliziert werden.

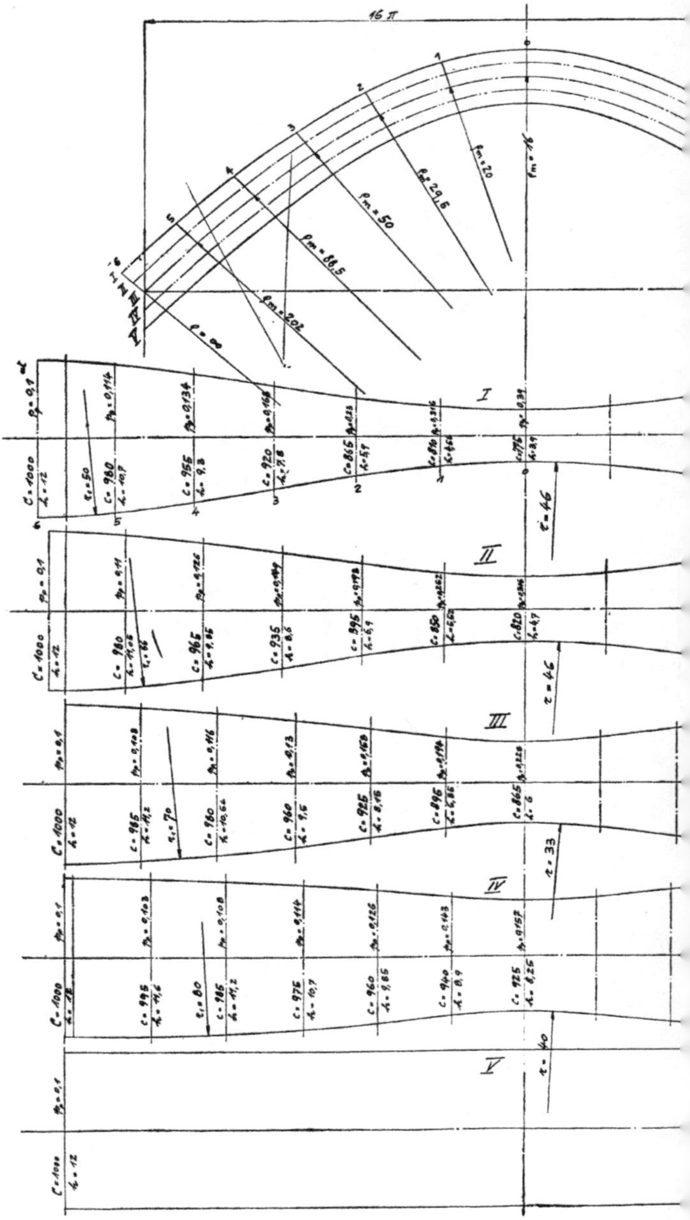

I bis V.

Tafel II.

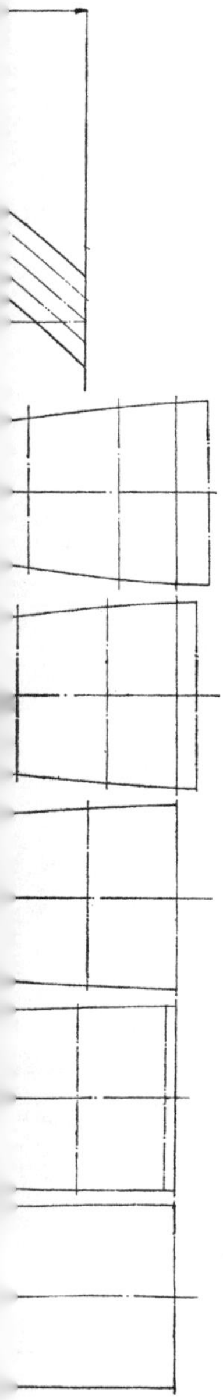

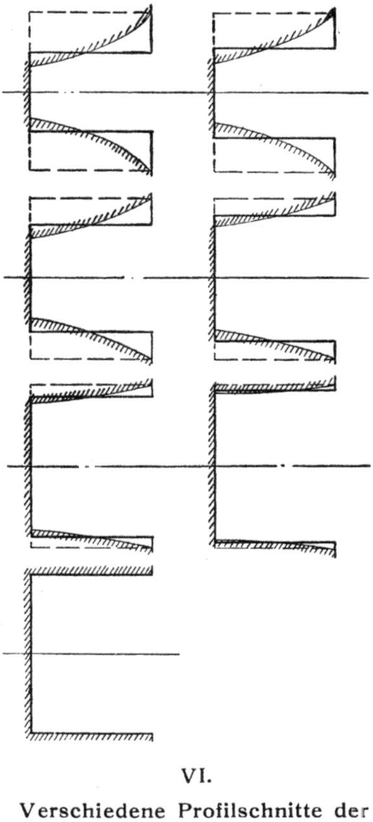

VI.

Verschiedene Profilschnitte der Näherungsform *a*.

(Vgl. Seite 24, Fig. 15.)

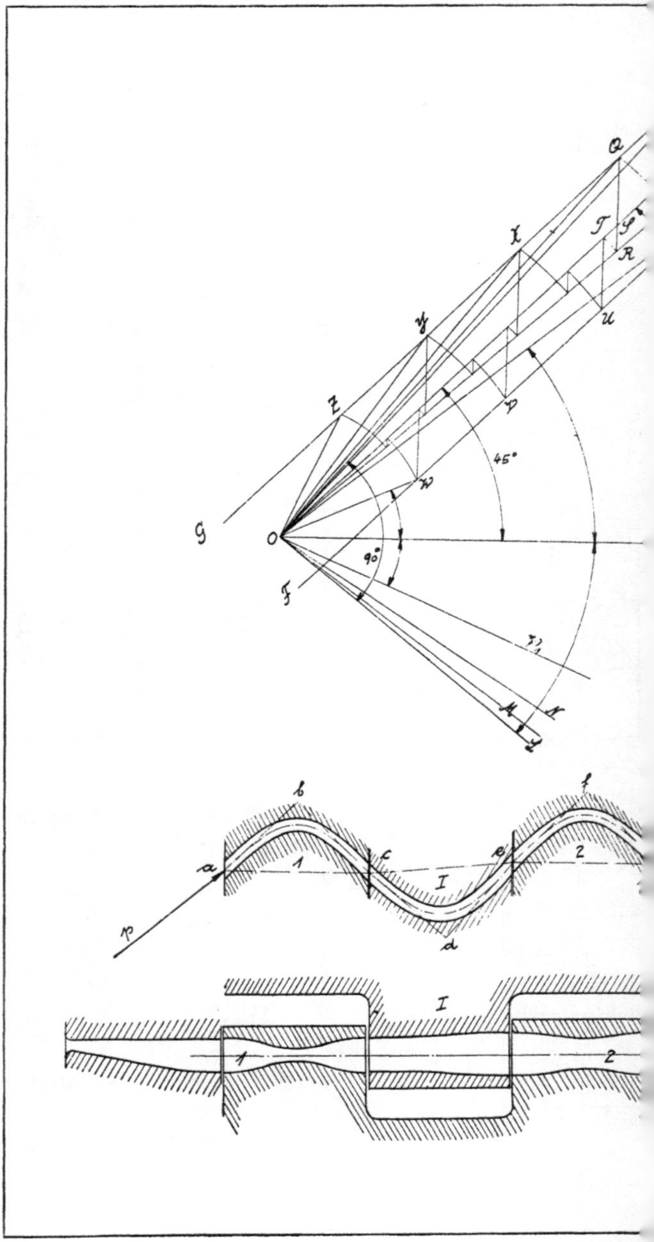
Q
T
R
U
P
Z
G
O
F
45°
90°
M
N
b
f
a
c
e
d
1
2
I
p
I
1
2

Tafel III.

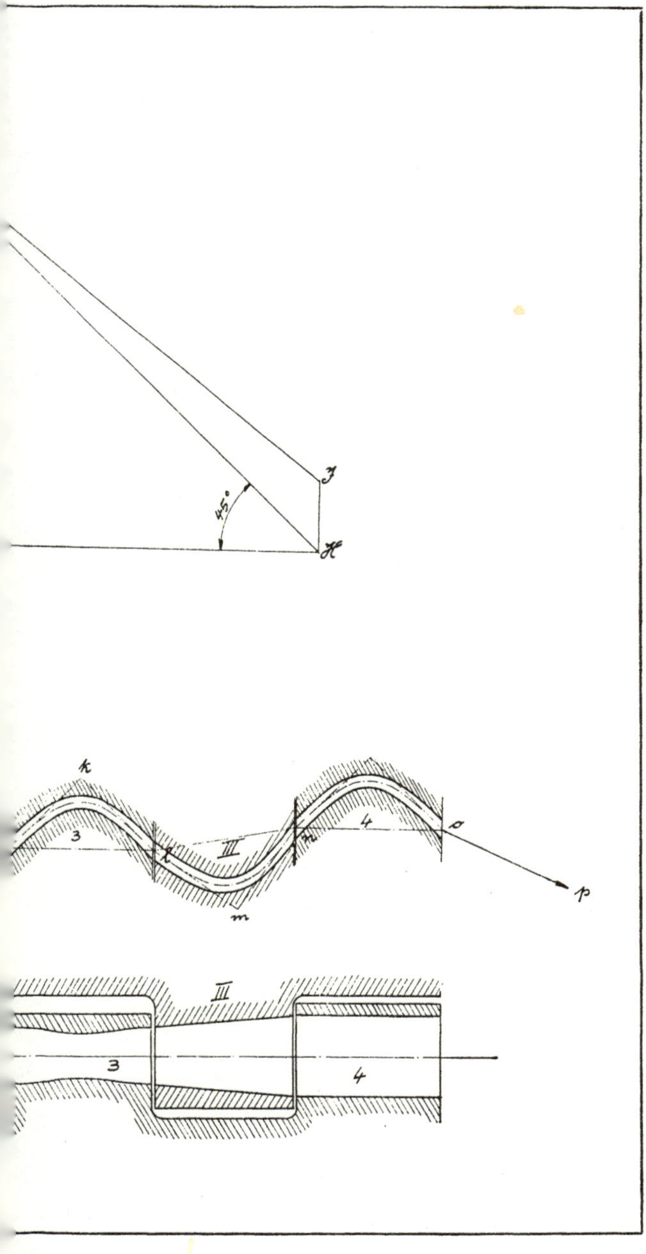

www.ingramcontent.com/pod-product-compliance
Lightning Source LLC
Chambersburg PA
CBHW031447180326
41458CB00002B/674

* 9 7 8 3 4 8 6 7 3 4 4 7 8 *